乡村振兴 RURAL REVITALIZATION

"三农"培训精品教材

粮油作物绿色高产高效种植技术

● 李国华　张培培　孙立云　主编

U0349643

中国农业科学技术出版社

图书在版编目（CIP）数据

粮油作物绿色高产高效种植技术／李国华，张培培，孙立云主编．--北京：中国农业科学技术出版社，2024.5
ISBN 978-7-5116-6755-7

Ⅰ.①粮…　Ⅱ.①李…②张…③孙…　Ⅲ.①粮食作物-高产栽培②油料作物-高产栽培　Ⅳ.①S51②S565

中国国家版本馆 CIP 数据核字（2024）第 071381 号

责任编辑　马雪峰　周　朋
责任校对　王　彦
责任印制　姜义伟　王思文

出 版 者　中国农业科学技术出版社
　　　　　北京市中关村南大街 12 号　　邮编：100081
电　　话　(010) 82106630（编辑室）　　(010) 82106624（发行部）
　　　　　(010) 82109709（读者服务部）
网　　址　https://castp.caas.cn
经 销 者　各地新华书店
印 刷 者　北京中科印刷有限公司
开　　本　140 mm×203 mm　1/32
印　　张　5.5
字　　数　133 千字
版　　次　2024 年 5 月第 1 版　2024 年 5 月第 1 次印刷
定　　价　36.00 元

前　　言

随着全球人口的增长和经济的发展，粮油作物的产量和质量已成为关乎人类生存与发展的重要问题。为了满足日益增长的食品需求，同时确保农业的可持续发展，绿色高产高效种植技术成为当今农业领域的研究重点。这种技术的核心目标是在保护生态环境的基础上，提高粮油作物的产量和品质，实现经济效益和生态效益的双赢。

本书旨在为农民、农业企业和相关研究人员提供关于粮油作物绿色高产高效种植技术的理念、方法、技术和应用。本书共九章，分别为小麦、玉米、水稻、马铃薯、甘薯、大豆、花生、油菜、杂粮作物绿色高产高效种植技术。本书结构清晰、内容丰富、语言通俗，具有较强的实用性和可读性。

本书既可供广大农民在实际生产中阅读参考，也可供广大基层技术人员在粮油作物技术推广工作中参考。

由于时间仓促、水平有限，书中难免存在不足之处，欢迎广大读者批评指正。

编者

2024 年 1 月

目　　录

第一章 小麦绿色高产高效种植技术

第一节 小麦生长环境条件及特点

一、小麦的生长环境条件

小麦生长所需的环境条件主要有光照、温度、水分、土壤、营养这几大方面的具体要求，一般要根据小麦的生长特性来提供相应的环境。

（一）光照

小麦是长日照植物，对光敏感型，一般需要每天 12 小时的光照，12 小时以下光照无法抽穗。迟钝型的小麦 8~12 小时光照条件下可以开花抽穗。总之，光照充足，分蘖增多，开花、抽穗、结实就好。

（二）温度

小麦不耐寒，适合生长的温度范围是 15~22℃。在各个生长发育阶段，有相应适宜的温度范围。小麦种子发芽出苗的最适温度为 15~20℃；小麦根系生长的最适温度为 16~20℃；小麦分蘖生长的最适温度为 13~18℃；小麦灌浆期的最适温度为 20~22℃。

（三）水分

小麦生长需要适量的水分。在苗期，主要是培育壮苗，当土壤表层水分低于田间持水量的70%时，应播前灌水。播后出苗时0~10厘米土层内土壤含水量占田间持水量的75%~85%时，出苗率最高，土壤水分过低或过高，都不利于小麦发芽和出苗。在小麦生长的过程中如果土壤干旱，需要及时为小麦补充水分，保持土壤处于湿润状态。在梅雨季节，或者多雨天气，则不能为小麦浇水，而需要为其排水。

（四）土壤

在微酸性和微碱性土壤中，小麦都能较好地生长，但最适宜高产小麦生长的土壤 pH 范围为6.5~7.5。高产麦田耕地深度应确保20厘米以上，能达到25~30厘米更好。加深耕作层，能改善土壤理化性能，增加土壤水分涵养，扩大根系营养吸收范围，从而提高产量。

（五）营养

小麦生长发育所必需的营养元素有碳、氢、氧、氮、磷、钾、硫、钙、镁、铁、硼、锰、铜、锌、钼等。氮、磷、钾在小麦体内含量多且重要，被称为"三要素"。氮帮助小麦进行蛋白质合成，磷促进细胞的分裂和增长，钾有助于小麦的光合作用和碳水化合物的合成。

二、小麦的生长发育特点

在小麦生长发育过程中，新的器官不断形成，外部形态发生诸多变化，根据器官建成和外部形态特征的显著变化，可将小麦整个生育期划分为多个生育时期，包括出苗期、分蘖期、越冬期、返青期、起身期（生物学拔节期）、拔节期（农艺拔节期）、孕穗期、抽穗期、开花期、灌浆成熟期等。春小麦没有越冬期、返青期和起身期。

（一）出苗期

小麦第1片绿叶伸出胚芽鞘约2厘米时为出苗，全田50%的籽粒到达该标准时即为出苗期。

（二）分蘖期

小麦分蘖伸出其邻近叶叶鞘 1.5~2 厘米时，称为出蘖。当全田 10% 的植株第 1 个分蘖伸出叶鞘 1.5~2 厘米时，为分蘖始期；50% 的植株达到该标准时，为分蘖期。

（三）越冬期

冬前日平均气温降到 1~2℃时，小麦植株基本停止生长，进入越冬期，直至来年开春返青期结束。

（四）返青期

来年春天，气温回升，小麦恢复生长，当 50% 的植株年后新长出的叶片（多为冬春交接叶）伸出叶鞘 1~2 厘米，且大田小麦叶片由暗绿变为青绿色时，称为返青期。

（五）起身期（生物学拔节期）

小麦基部第 1 节间开始伸长，此期亦称生物学拔节期。起身期对应小麦幼穗分化的小花原基分化期。

（六）拔节期（农艺拔节期）

小麦的主茎第 1 节间基本定长，距离地面 1.5~2 厘米，基部第 2 节间开始伸长，也称为农艺拔节期。拔节期对应小麦幼穗分化的雌雄蕊原基分化期。

（七）孕穗期

植株旗叶（亦称剑叶，指小麦茎秆上的最后一片叶）完全伸出倒二叶鞘（叶耳可见），即为孕穗期，也称挑旗期。

（八）抽穗期、开花期

麦穗（不包括芒）从旗叶鞘中伸出达整个穗长度的 50% 时称为小麦抽穗期。全田有 50% 的植株第 1 朵花开放时为开花期。

（九）灌浆成熟期

此期包括籽粒的形成、灌浆、乳熟、蜡熟与完熟。其中，蜡熟期是小麦收获适期，此时籽粒大小、颜色与成熟籽粒相似，内部呈蜡状，籽粒含水量22%左右，叶片枯黄，籽粒干重达最大值；蜡熟期后是完熟期，此时籽粒已达到品种正常大小和颜色，内部变硬，含水量降至20%以下，此时收获小麦已经偏迟，且籽粒易脱落，收获损失提高。

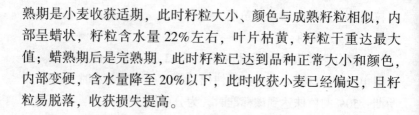

第二节　小麦种植关键技术

一、品种选用

小麦品种的生态区域性比较强。要根据市场需求，结合当地的气候、土壤、耕作制度和栽培条件，因地制宜地选用通过国家或地方审定的优质、丰产、抗逆性强的高产专用品种。能抗当地主要病虫害，此外，在干旱地区宜选用抗旱品种，在低湿地区宜选用耐湿性强的品种，在收获季节多雨地区宜选用中熟或中早熟品种。在同一区域应搭配种植2~3个品种，品种每3年左右更新一次。

二、播种技术

（一）精细整地

小麦产地的土壤应具有良好的物理、化学特性，是土地平整、耕层深厚、结构良好、有机质和养分含量丰富、排灌水方便、保水力强的中性黏质土壤。整地做到"深、细、净、透、实、平"，稻田种麦要在水稻生育后期及时开好田间排水沟。

（二）测土配方施肥，施足基肥，适时追肥

根据小麦的需肥规律、土壤供肥能力及目标产量要求，实行测土配方施肥。遵循以有机肥为主、底肥为主，控氮、稳磷、补

钾、增微，平衡施肥的原则。一般每生产 100 千克小麦籽粒约需从土壤中吸收纯 N 3 千克、P_2O_5 1.5 千克、K_2O 3 千克。有机肥与化肥之比以 7 : 3 为宜。提倡施用生物颗粒肥。

（三）种子处理

播种前 1 周左右，将麦种摊晒 2~3 天，未包衣的种子用 1% 的石灰水浸种，或 50~55℃ 的温水浸种消毒。

（四）播种期的确定

各地应根据品种特性、耕作制度、土壤条件及气候条件确定适宜播种期。例如，冬小麦主产区一般在 10—11 月播种，要选择播种高产期播种。

（五）播种方式

根据当地生产习惯，单一种植小麦可采用撒播、条播或穴播，间作套种的以条播为宜。地膜覆盖的提倡膜侧栽培，宜在小麦行间覆膜。

（六）播种量

主要从品种特性、播期、土壤肥力及耕作栽培等因素综合考虑。一般来说，分蘖力强、土壤肥力和耕作栽培水平高的品种，播种量可少些。

三、田间管理

（一）前期管理（出苗期—越冬期）

1. 化学除草

冬前是麦田化学除草有利时机，可选用炔草酸、精噁唑禾草灵等防除野燕麦、看麦娘等；用甲基二磺隆、甲基二磺隆+甲基碘磺隆钠盐防除节节麦、雀麦等；用双氟磺草胺、氯氟吡氧乙酸、唑草酮、苯磺隆、溴苯腈和 2 甲 4 氯钠水剂等防除双子叶杂草。防治时间宜选择在小麦 3~5 叶期、杂草 2~4 叶期、气温在

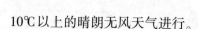

10℃以上的晴朗无风天气进行。

2. 科学灌水

若冬前降水较少，土壤墒情不足，要浇好分蘖盘根水，促进冬前长大蘖、成壮蘖。对秸秆还田、旋耕播种、土壤悬空不实和缺墒的麦田必须进行冬灌，以踏实土壤，保苗安全越冬。冬灌的时间一般在日平均气温3℃以上时进行，在封冻前完成，一般每亩浇水量为40米³，禁止大水漫灌，浇后及时划锄松土，增温保墒。

（二）中期管理（返青期—抽穗期）

1. 肥水后移

在小麦拔节期，结合灌水追施氮肥，每亩灌溉量以40～50米³为宜。追氮量为总施氮量的40%～50%。但对于早春土壤偏旱且苗情长势偏弱的麦田，灌水施肥可提前至起身期。

2. 防治病虫害

在返青期至抽穗期，重点防治小麦纹枯病、条锈病、红蜘蛛。坚持以"预防为主，综合防治"为防治原则，按病虫害发生规律科学防治，对症适时用药。

3. 预防倒伏

小麦起身期是预防倒伏的最后关键时期，对整地粗放、泥土块较多的麦田，开春后要进行镇压，以踏实土壤，促根生长；对长势偏旺的麦田，可在起身初期喷洒化控剂。另外，可采用深中耕断根，控制麦苗过快生长。

4. 预防冻害

及时浇好拔节水，促穗大粒多，增强抗寒能力，特别是要密切关注天气变化，在降温之前及时灌水，防御冻害。低温过后，及时检查幼穗受冻情况，一旦发生冻害，要落实追肥浇水等补救措施。

（三）后期管理（抽穗期—成熟期）

1. 合理灌溉

干旱年份或缺墒地块在抽穗前后灌溉，保证小麦穗大粒多，每亩灌溉以 30 ~ 40 米^3 为宜，一般不提倡浇灌浆水，严禁浇麦黄水。

2. 防治病虫害

在小麦抽穗期至扬花期应对赤霉病进行重点防治。小麦齐穗期进行首次防治，若天气预报有 3 天以上连阴雨天气，应间隔 5 天再喷施 1 次。若喷药后 24 小时内遇雨，应及时补喷。同时灌浆期应注意防治白粉病、叶锈病、叶枯病、黑胚病及蚜虫等，成熟期前 20 天内停止使用农药。

3. 叶面喷肥

灌浆期结合病虫害防治，每亩用尿素 1 千克和 0.2 千克磷酸二氢钾，兑水 50 千克进行叶面喷施，促进氮素积累与籽粒灌浆。

四、收获与贮藏

（一）收获

小麦绿色栽培提倡收割机械化、收后处理工厂化。机械割晒的适宜期为蜡熟中末期，要注意放铺的厚度和角度。晾晒 3 天左右，籽粒水分适宜时，机械拾禾脱粒。机械联合收割在小麦蜡熟末期至完熟初期进行，人工收割的适宜期为蜡熟中期。各种收获方法均应注意及时晾晒，严防发芽霉变，保证籽粒外观颜色正常，确保产品质量。

（二）贮藏

（1）晒干进仓（含水量应符合国家标准要求）。

（2）对不同品种、不同品质、不同用途的籽粒要分开堆放。

（3）干燥贮藏（注意仓库消毒方法，确保贮藏小麦安全）。

（4）贮藏方法：①热密闭贮藏；②低温贮藏。

第三节　小麦绿色高产高效种植技术模式

一、优质小麦全环节高质高效生产技术

优质小麦全环节高质高效生产技术模式以强筋小麦品种为基础，集成配套区域化布局、规模化种植、土壤培肥、深耕或深松、高质量播种、水肥后移、后期控水、叶面喷氮、病虫害综合防治、风险防控、适期收获、单收单贮等各环节关键技术措施，能够有效解决优质小麦生产中良种良法不配套，技术集成度、融合度不够，产量品质效益不同步等问题，为优质小麦发展提供技术支撑。

（一）耕种

1. 品种选用

选用适宜在强筋小麦生态区种植的稳产高产优良品种。

2. 种子和土壤处理

根据病虫害发生情况，选用包衣种子或药剂拌种，地下害虫严重发生地块，进行土壤处理。

3. 深耕机耙配套

耕深应达到25厘米，耕后耙实耙透，达到地表平整，上虚下实，表层不板结，下层不翘空。

4. 高效精准施肥

推广测土配方施肥，增施有机肥，补施硫肥。一般亩产500千克左右的田块，每亩总施肥量氮肥（纯N）为12~14千克、磷肥（P_2O_5）6~8千克、钾肥（K_2O）3~5千克。磷肥、钾肥和硫肥一次性底施，氮肥分基肥与追肥两次施用，基肥与追肥比

例为 5：5 或 6：4。

5. 适期播种

不同地区小麦播种时间有所区别。通常，春播小麦在 3 月底至 4 月初进行，秋播小麦在 9 月中旬至 10 月初进行。强筋小麦品种应在适播期内适当晚播。

6. 控制播量

在适宜播期范围内，适当控制播量，一般每亩播量 8~10 千克。整地质量差、土壤偏黏地块应适当增加播量。

7. 高效播种

推广宽幅匀播机、宽窄行播种机等高效复式作业机具，播深 3~5 厘米，随播镇压或播后镇压。

（二）田间管理

1. 前期管理（出苗期—越冬期）

（1）化学除草。冬前是麦田化学除草有利时机，可选用炔草酸、精噁唑禾草灵等防除野燕麦、看麦娘等；用甲基二磺隆、甲基二磺隆+甲基碘磺隆钠盐防除节节麦、雀麦等；用双氟磺草胺、氯氟吡氧乙酸、唑草酮、苯磺隆、溴苯腈和 2 甲 4 氯钠水剂等防除双子叶杂草。防治时间宜选择在小麦 3~5 叶期、杂草 2~4 叶期、气温在 10℃ 以上的晴朗无风天气进行。

（2）科学灌水。若冬前降水较少，土壤墒情不足，要浇好分蘖盘根水，促进冬前长大蘖、成壮蘖。对秸秆还田、旋耕播种、土壤悬空不实和缺墒的麦田必须进行冬灌，以踏实土壤，保苗安全越冬。冬灌的时间一般在日平均气温 3℃ 以上时进行，在封冻前完成，一般每亩浇水量为 40 米^3，禁止大水漫灌，浇后及时划锄松土，增温保墒。

2. 中期管理（返青期—抽穗期）

（1）肥水后移。在小麦拔节期，结合灌水追施氮肥，每亩灌溉量以 40~50 米^3 为宜。追氮量为总施氮量的 40%~50%。但对于早春土壤偏旱且苗情长势偏弱的麦田，灌水施肥可提前至起身期。

（2）防治病虫害。在返青期至抽穗期，重点防治小麦纹枯病、条锈病、红蜘蛛。坚持以"预防为主，综合防治"为防治原则，按病虫害发生规律科学防治，对症适时用药。

（3）预防倒伏。小麦起身期是预防倒伏的最后关键时期，对整地粗放、泥土块较多的麦田，开春后要进行镇压，以踏实土壤，促根生长；对长势偏旺的麦田，可在起身初期喷洒化控剂。另外，可采用深中耕断根，控制麦苗过快生长。

（4）预防冻害。及时浇好拔节水，促穗大粒多，增强抗寒能力，特别是要密切关注天气变化，在降温之前及时灌水，防御冻害。低温过后，及时检查幼穗受冻情况，一旦发生冻害，要落实追肥浇水等补救措施。

3. 后期管理（抽穗期—成熟期）

（1）合理灌溉。干旱年份或缺墒地块在抽穗前后灌溉，保证小麦穗大粒多，每亩灌溉以 30~40 米^3 为宜，一般不提倡浇灌浆水，严禁浇麦黄水。

（2）防治病虫害。在小麦抽穗期至扬花期应对赤霉病进行重点防治。小麦齐穗期进行首次防治，若天气预报有 3 天以上连续阴雨天气，应间隔 5 天再喷施 1 次。若喷药后 24 小时内遇雨，应及时补喷。同时灌浆期应注意防治白粉病、叶锈病、叶枯病、黑胚病及蚜虫等，成熟期前 20 天内停止使用农药。

（3）叶面喷肥。灌浆期结合病虫害防治，每亩用尿素 1 千克和 0.2 千克磷酸二氢钾兑水 50 千克进行叶面喷施，促进氮素积累与籽粒灌浆。

（三）收获与贮藏

抽齐穗后 10~20 天进行田间去杂，拔除杂草和异作物、异品种植株。机械化收获时按同一品种连续作业，防止机械混杂。收获后按单品种晾晒和贮藏。

二、冬小麦节水省肥优质高产技术

（一）贮足底墒

播前浇足底墒水，以底墒水调整土壤储水，使麦田2米土体的储水量达到田间最大持水量的90%。底墒水的灌水量由播前2米土体水分亏额决定，一般在常年8、9月份降水量200毫米左右条件下，小麦播前浇底墒水75毫米。降水量大时，灌水量可少于75毫米；降水量少时，灌水量应多于75毫米，使底墒充足。

（二）优选品种

选用早熟、耐旱、穗容量大、灌浆快的节水优质品种。熟期早可缩短后期生育时间，减少耗水量，减轻后期干热风危害程度；穗容量大的多穗型品种利于调整亩穗数及播期；灌浆强度大的品种籽粒发育快，结实时间短，粒重较稳定，适合应用节水高产栽培技术。精选种子，使籽粒大小均匀，严格淘汰碎瘪粒。

（三）集中施肥

节水有利于节氮，在节水、节氮条件下，增加基肥施氮比例有利于抗旱增产和提高肥效。节水栽培以"限氮稳磷补钾锌，集中基施"为原则，调节施肥结构及施肥量。一般春浇1～2水亩产400～550千克，氮肥（纯N）亩用量10～14千克，全部基施；或以基肥为主，拔节期少量追施，适宜基：追比7：3。基肥中稳定磷肥用量，亩施磷肥（P_2O_5）7～9千克，补施钾肥（K_2O）7～9千克、硫酸锌1～2千克。

（四）晚播增苗

早播麦田冬前生长时间长，耗水量大，春季时需早补水，在同等用水条件下，限制了土壤水的利用。适当晚播，有利节水节肥。晚播以不晚抽穗为原则，越冬苗龄3叶是个界限，生产上以苗龄3~5叶时为晚播的适宜时期。各地依此确定具体的适播日期。晚播需增加基本苗，以增苗确保足够穗数，并增加种子根数。在前述晚播适期范围内，以亩基本苗30万苗为起点，每推迟1天播种，基本苗增加1.5万苗，以基本苗45万为过晚播的最高苗限。

（五）精耕匀播

为确保苗全、苗齐、苗匀和苗壮，要求：①精细整地。秸秆应粉碎成碎丝状 [< (5~8) 厘米] 均匀铺撒还田，在适耕期旋耕2~3遍，旋耕深度要达13~15厘米，耕后适当耙压，使耕层上虚下实，土面细平。②窄行匀播。播种行距不大于15厘米，做到播深一致（3~5厘米），落籽均匀。严格调好机械、调好播量，避免下籽堵塞、漏播、跳播。地头边是死角，受机压易造成播种质量差和扎根困难，应先横播地头，再播大田中间。

（六）播后镇压

旋耕地播后务必镇压。应选好镇压机具，待表土现干时，强力均匀镇压。

（七）适期补灌

一般春浇1~2次水，春季只浇1次水的麦田，适宜浇水时期为拔节期至孕穗期；春季浇2次水的麦田，第1水在拔节期浇，第2水在开花期浇。每亩每次浇水量为40~50米^3。在地下水严重超采区，可应用"播前贮足底墒，生育期不再灌溉"的贮墒旱作模式，进一步减少灌溉用水。

三、稻茬小麦灭茬免耕带旋播种技术

稻茬小麦主要分布于长江流域，常年种植面积7 000万亩左右，约占全国小麦总面积的 20%。稻茬小麦的提升发展对于稳定全国小麦生产至关重要。

（一）水稻高留茬收获

水稻生育后期及时排水晾田，尽量避免收割机对土壤产生碾压破坏。收获时留茬高度 30~50 厘米，既可减少机械负荷、提高收获效率，又利于节约燃料和后续粉碎作业。条件允许的情况下，收割机直接加装切草、粉碎、分散装置，使稻秸均匀分布于田面。

（二）秸秆粉碎还田

水稻收获后，及时开好边沟、厢沟，最大限度沥干渍水。对于水稻收获时未对秸秆进行切碎处理的地块，应当适时进行灭茬作业，用 1JH-150 型或类似型号的秸秆粉碎机进行灭茬粉碎作业，粉碎后的秸秆要求细碎（<8 厘米）、分布均匀。

（三）免耕带旋播种

采用 2BM-8、2BM-10、2BM-12 系列型号的带旋播种机播种。播前调试机器，根据种子大小调节播量，控制在 9~10 千克/亩（基本苗 15 万~18 万/亩）范围即可。种肥选择养分配比适宜的复合肥，使其底肥 N 用量占全生育期的 50%~60%，磷、钾肥用量占到总用量的 100%。一次作业即可完成开沟、播种、施肥、盖种等工序。

（四）苗期化学除草

灭茬作业后秸秆覆盖于土表，播前一般不进行化学除草。杂草种子伴随小麦出苗而陆续萌发，应在小麦 3~5 叶期进行苗期化学除草。根据杂草种类选择适宜的除草剂。

第二章　玉米绿色高产高效种植技术

第一节　玉米生长环境条件及特点

一、玉米的生长环境条件

玉米生长所需的环境条件主要有温度、光照、水分、土壤及矿物养分等。

(一) 温度

玉米是喜温作物,在不同生长发育时期,均要求较高的温度。玉米种子萌发的最低温度为6~8℃,但是在这种温度下,发芽缓慢,吸胀时间拖延很长,因此种子易于发霉,10~12℃条件下发芽迅速整齐,因此,生产上往往把这个温度指标作为确定播种期的重要参考。幼苗期耐低温能力较强,但温度低于3℃则受冻害。吐丝期对温度反应敏感,低于18℃或高于30℃均对开花受精不利,容易产生缺粒和空苞现象。结实成熟期日均温高于26℃,低于16℃则影响有机物质的运转和积累而使粒重显著降低。

(二) 光照

玉米属短日照、高光效、碳四作物。在短日照条件下发育较快,长日照条件下发育缓慢。一般在每天8~9小时光照条件下发育提前,生育期缩短;在长日照(18小时以上)条件下,发育滞后，成熟期略有推迟。

（三）水分

玉米是需水较多的作物，整个生育期中都要求有适宜的水分供应。具体来说，玉米播种时适宜的土壤水分含量在田间持水量的 65% ~ 75%；在拔节期，适宜的土壤含水量为田间持水量的 60% ~ 65%；在抽雄开花期前后，适宜的土壤含水量为田间持水量的 70% ~ 80%；在灌浆期，仍需要较多的水分。

如果土壤缺水，会影响玉米的发芽和出苗，降低成活率，同时也会导致籽粒灌浆不足，影响产量。因此，在玉米生长过程中，需要适时浇水，保持土壤湿润，以满足玉米生长发育的需要。

（四）土壤

玉米适合种在土层深厚、土质疏松、肥力较高、保水性能良好的土壤中，不适合在黏性较重的泥土中生长。在种植玉米时，要选择向阳、地势高的地块，在田块中施入腐熟的粪肥作为基肥，然后点播玉米种子，最后浇灌 1 次透水，使土壤完全湿润。

玉米根系发达，需要良好的土壤通气条件，土壤空气中含氧量 10% ~ 15% 最适宜玉米根系生长，如果含氧量低于 6%，就会影响根系正常的呼吸作用，从而影响根系对各种养分的吸收。因此，高产玉米要求土层深厚、疏松透气、结构良好，土层厚度在 1 米以上，活土层厚度在 30 厘米以上，团粒结构应占 30% ~ 40%，总空隙度为 55% 左右，毛管孔隙度为 35% ~ 40%，土壤容重为 1.0 ~ 1.2 克/厘米^3。

另外，玉米适应性广，一般中性偏酸土壤较适宜。

（五）矿物养分

玉米生长所需的营养元素有 20 多种，其中氮、磷、钾属 3

种大量元素；钙、镁、硫属 3 种中量元素；锌、锰、铜、钼、铁、硼以及铝、钴、氯、钠、锡、铅、银、硅、铬、钡、锶等属于微量元素。玉米植株体内所需的多种元素，各具特长，同等重要，彼此制约，相互促进。

玉米所需的矿质营养主要来自土壤和肥料，土壤有机质含量及供肥能力与玉米产量密切相关，玉米吸收的矿质营养元素 60%～80% 来自土壤，20%～40% 从当季施用的肥料中吸收。

二、玉米的生长发育特点

玉米一生受内外条件变化的影响，其植株形态、构造发生显著变化的日期称为生育时期。玉米一生共分 7 个生育时期，具体名称和标准如下：

（一）播种期

玉米的播种期是根据温度和土壤水分确定的。当土壤温度稳定在 10℃ 以上，土壤湿度适宜时，可以进行播种。

（二）苗期

这个时期主要是指玉米发芽、出苗到拔节前的阶段。在这个时期，玉米的主要生长目标是形成根系和地上部分的基础。

（三）拔节期

当玉米植株基部节间开始伸长，长度为 1～2 厘米时，就进入了拔节期。

（四）抽穗期

抽穗期是指雄穗开始露出叶鞘，这个时期是玉米由营养生长转向生殖生长的关键时期。

（五）吐丝期

吐丝期是指田间有 50% 植株雌穗花丝开始露出苞叶，这个时期是玉米积累能量，孕育种子的重要时期。

（六）灌浆期

灌浆期是指玉米植株开始积累籽粒干物质，这个时期是决定玉米产量的重要阶段。

（七）成熟期

当玉米植株的籽粒基本定型，并且大部分籽粒的乳线消失时，就进入了成熟期。这个时期主要是指玉米植株的籽粒脱水干燥，最终形成产量。

生产上，通常以全田50%的植株达到上述标准的日期，为各生育时期的记载标准。

第二节　玉米种植关键技术

一、品种选用

参阅每年品种审定委员会有关玉米新品种的介绍，采用通过审定的品种。结合当地气候、土壤、耕作制度和栽培条件，因地制宜选择优质、丰产、适应当地气候特点、抗当地主要病虫害的优良品种。一般玉米品种用3~5年就应更新。每个地区早、中、晚熟多个品种搭配种植，增强抵抗自然灾害的能力。

二、种子处理

（一）精选种子

为了提高种子质量，在播种前要对籽粒进行粒选，选择籽粒饱满、大小均匀、颜色鲜亮、发芽率高的种子，去除秕、烂、霉、小的籽粒。

（二）晒种

播前4~5天选晴天把玉米种子摊在席上或干燥向阳的地上，

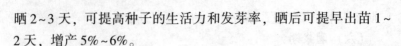

晒 2~3 天，可提高种子的生活力和发芽率，晒后可提早出苗 1~2 天，增产 5%~6%。

（三）药剂拌种

目前生产上推广包衣种子。种子包衣剂由杀虫剂、杀菌剂、复合肥料、微量元素、植物生长调节剂、保水剂和成膜物质加工制成，药剂和种子的比例为 1：50。使用包衣种子能够防治苗期病害如玉米丝黑穗病、黑粉病等，起到抗虫、抗旱，促进生根发芽的作用，达到苗全、苗齐、苗壮的目的。

三、播种技术

（一）确定播种期

根据本地气候条件、土壤墒情、品种特性、栽培方式、收获产品、前后茬口等确定最佳播期，在土壤表层 5~10 厘米地温稳定超过 10℃时开始播种。

（二）播种方法

玉米播种的方法有点播、条播。

1. 点播

按计划的行、株距开穴，施肥、点种、覆土。此方法较费工。

2. 条播

一般用机械播种，工效较高，适用于大面积种植。生产上通常采用"机械精量播种"。

玉米精量播种技术是利用精量播种机将玉米种子按照农艺要求，株（粒）距、行距和播深都受严格控制的单粒播种方法。该方法省种、省工，可提高密度和整齐度。玉米精量播种是一个技术体系，应用条件：①种子大小一致，以适应排种器性能要求；种子质量合乎标准，确保出苗率；种子经包衣剂处理，以防治病虫害。②有先进、实用精量播种机。③土壤条件好，整地质量达规定要求。④有配套播种工艺和田间管理技术。

（三）种植方式

在生产上常用两种方式：宽窄行种植、等行距种植。

1. 宽窄行种植

宽窄行种植也称大小垄，行距一宽一窄。生育前期对光能和地力利用较差，在高密度、高肥水的条件下，有利于中后期通风、透光，使"棒三叶"处于良好的光照条件之下，有利于干物质积累，产量较高。但在密度小，光照矛盾不突出的条件下，大小垄就无明显的增产效果，有时反而减产。目前可采用宽行距67~70厘米（或80~90厘米）、窄行距30~33厘米（或40~50厘米）。

2. 等行距种植

玉米植株抽穗前，叶片、根系分布均匀，能充分利用养分和阳光。在高肥水、高密度条件下，生育后期行间郁闭，光照条件差，群体个体矛盾尖锐，影响产量提高。一般行距60~70厘米，植株分布均匀。

（四）种植密度

玉米种植密度要根据品种特性、气候条件、土壤肥力、生产条件等来确定。合理密植的原则有以下几个方面。

1. 根据品种特性确定

紧凑型品种宜密，反之则宜稀。生育期短的品种宜密，反之则宜稀。小穗型品种宜密，反之则宜稀；矮秆品种宜密，反之则宜稀。

2. 根据水肥条件

同一品种肥地易密，瘦地易稀。旱地适宜稀，水浇地适宜密。

3. 根据光照、温度等生态条件确定

玉米是喜温、短日照作物。短日照、气温高条件易密，反之宜稀；南方品种宜密，北方品种宜稀；春播宜稀，夏播宜密。

根据种植习惯和肥力水平，高水肥地每亩4 000~4 500株，中等地力每亩3 500~4 000株，中等肥力每亩3 000株左右。

（五）播种深度

播种深浅要适宜，覆土厚度一致，以保证出苗时间集中，苗势整齐。一般玉米播深以4~6厘米（华北）或3~5厘米（东北）为宜，墒情差时，可加深，但不要超过10厘米。

（六）播后处理

播种工作结束后，播种后的处理也是保证苗全、齐、匀非常重要的一个步骤。

1. 播后镇压

玉米采用播种机播种后要进行镇压，有利于玉米种子与土壤紧密接触，利于种子吸水出苗。墒情一般播后及时镇压；土壤湿度大时，等表土干后再镇压，避免造成土壤板结，出苗不好。

2. 喷施除草剂

根据杂草种类和危害情况确定使用除草剂的类型和用量。播后苗前施药，土壤必须保持湿润才能使药剂发挥作用，如在干旱条件下施药，除草效果差，甚至无效。在玉米播种后出苗前，喷50%乙草胺乳油100~150毫升；喷施莠去津+乙草胺的混合药150~300毫升，除草效果比较好。

四、田间管理

（一）苗期管理

苗期管理的主攻目标是通过促控措施促进根系发育，控制地

上部徒长，培育壮苗，达到苗全、苗齐、苗壮，为穗粒期的健壮生长和良好发育奠定基础。

苗期管理措施：

1. 破土防旱，助苗出土

玉米播种后，常遇土壤干旱，持水量低于60%，会产生炕种、炕芽、干霉，或出土后枯死，导致缺苗。亦有播种出苗前遇大雨、暴雨，引起土面板结，空气不足，玉米幼苗变黄，潜伏于板结层下难以出土，故应注意破土及防旱，助苗出土。

2. 查苗补缺

玉米播种后常因种子质量、整地和播种质量、土壤温度、水分以及病虫害等原因造成缺苗，严重影响密度和整齐度。所以，玉米出苗后要及时查苗、补缺。玉米缺苗在2叶后一般不宜补种，否则造成苗龄悬殊，株穗不整齐，穗小空秆，失去补种的作用。因此，播种时应在行间增播1/10的种子，或按5%~10%的比例人工育苗，苗龄2.5~4叶时，在阴天或傍晚带土移栽，栽后浇水，覆土保墒。成活后追施速效化肥，促苗生长，提高大田整齐度。

3. 间苗、定苗

为了确保种植密度和整齐度，播种时一般应播超过种植密度1~2倍的种子，出苗后3~4叶期要及时间苗定株。间苗原则是间密留稀，间弱留强。地下害虫、鸟兽危害严重的地区，为避免早间苗造成缺苗或晚间苗形成老苗、弱苗，可分次间苗，第1次在幼苗3~4叶时间去过多密集的幼苗；第2次在4~5叶时结合定苗间苗，定苗要掌握定向、留匀、留壮的原则，在1穴内留苗要大小相等，整齐一致，株距均匀。

4. 水肥管理

玉米苗期需肥量不足总需肥量的 10%，需水量占总需水量的 18%以下。若基肥、种肥以及底墒不足，严重影响幼苗生长，除早施重施苗肥和浇水外，一般采用勤锄、深锄、轻施和偏施的管理措施，促进发根，控上促下，蹲苗促壮，为后期矮秆、大穗、基部节间短、粗，抗旱抗倒奠定基础。

5. 防治害虫

地老虎是玉米苗期主要地下害虫，另有蛴螬、蝼蛄等危害，常造成缺苗，特别是春玉米较严重，要加强防治。

(二) 穗期管理

穗期是茎、叶的营养生长与雄、雌穗分化发育的生殖生长并进的双旺时期。穗期管理措施有：

1. 追肥

穗期追肥包括拔节肥和穗肥。苗期缺肥、长势差的春玉米，或生育期短的夏秋玉米和未施底肥、生长势弱的套种玉米，拔节肥与穗肥并重。拔节肥促进生长发育，搭好丰产架子。对底肥、苗肥充足，苗势旺，叶色深的玉米，可不施拔节肥，而是在大喇叭口期集中重施穗肥，既攻大穗和穗三叶，又防止基部节间过长而发生倒伏，增产效果十分明显。

2. 中耕培土

中耕培土要结合追肥进行，一般浅锄利于根系横向分布和下扎，中耕过深伤根多，影响对肥、水的吸收。追肥结合培土，既使肥料深埋，减少养分损失，又利于支持根入土发生分支，对后期水分、养分的吸收以及抗倒起重要作用。培土的时间以追施穗肥的大喇叭口期进行为宜。如培土早，则根际温度低、空气不足，抑制节根的发生和生长，进而影响玉米产量且抗倒力减弱。

（三）粒期管理

粒期主要是通过促控管理措施防止叶片退黄、根系早衰。粒期管理措施主要有以下几点：

1. 补施粒肥

在早施穗肥或用量不足，出现叶片落黄脱肥现象时，于开花期或灌浆期以追肥总量的 10% 的速效氮肥补施一次粒肥，可起到延长绿色叶面积的功能期，养根、保叶，提高粒重的作用。

2. 人工辅助授粉

采用人工辅助授粉可增加授粉机会，提高结实率，一般当代可增产 8%~10%，地方品种下代还能增产 8% 左右。人工辅助授粉宜在盛花期晴天上午 9—11 时，露水干后进行。可用二人拉绳或竹竿扎成的丁字形架推动雄穗或摇动植株，促使花粉散落到花丝上，隔天 1 次，一般进行 2~3 次。在花粉量不足或缺乏花粉的条件下，需要从采粉地块一次采集 50~100 株的混合花粉，用授粉器逐株授粉，隔天 1 次，连续 3~4 次，这种方法速度虽慢，但效果好。

3. 排水防渍

玉米乳熟期降雨过多，田间持水量长时间超过 80%，或田间渍水，会使根系活力迅速下降，叶片变黄，也易引起玉米倒伏，应注意排水防渍。

五、收获与贮藏

（一）收获

根据不同的品种特性及生产目的确定适时收获期。以收获籽粒为收获目标的普通玉米，在植株变黄、苞叶枯松发白、籽粒硬化而表观亮泽时收获为宜；甜玉米在开花授粉后 20 天采收甜度

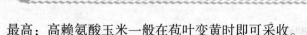

最高；高赖氨酸玉米一般在苞叶变黄时即可采收。

（二）贮藏

根据不同的品种特性进行贮藏。普通玉米晒干后贮藏；高赖氨酸玉米比普通玉米更易吸湿回潮，因此贮藏籽粒的仓库通风密闭性要好；高油玉米贮藏过程中最易发热霉变，最好带穗贮藏。

第三节　玉米绿色高产高效种植技术模式

一、玉米无膜浅埋滴灌水肥一体化技术

（一）主导品种

推广产量高、品质好、抗逆性强、保绿性好的优质品种。

（二）春播阶段

1. 播期

4 月末至 5 月中上旬前后。

2. 播种铺滴灌带

推广全程机械化作业技术，机械化精细整地，每亩施优质腐熟农家肥 2 000~3 000 千克，深松土壤 30~35 厘米，为播种铺滴灌带保全苗创造良好条件；机械化精量播种采用一体机一次性解决双垄开沟、配方施肥、铺滴灌带、覆土镇压、精量点播等工序，最大限度节省人工投入等繁重工作。

（1）施肥铺滴灌带。玉米的种肥，应根据需肥量、土壤养分供给量、肥料利用率以及计划产量等指标来确定。以 800~1 000 千克/亩为产量目标，施种肥量为纯 N 3~5 千克/亩，P_2O_5 6~8 千克/亩，K_2O 2.5~4 千克/亩。侧深施 10~15 厘米，严禁种、肥混合。选择质量好、抗风化的优质滴灌带。大小垄种植技

术，大垄 60 厘米，小垄 40 厘米，两条小垄之间铺滴灌带，滴灌带覆土 2~3 厘米。

（2）播种。根据不同的玉米品种和不同的区域及土壤条件确定适宜的播种密度。一般中上等肥力地块播种密度为 5 000~5 500株/亩；中低产田播种密度为 4 500~5 000株/亩。采用播种、铺滴灌带，以及施肥一体机一次性解决双垄开沟、配方施肥、铺滴灌带、播种、覆土镇压等工序的方式种植。

（三）大田阶段

1. 间苗、定苗

根据品种特性和地利条件确定留苗密度，出苗后 3~4 片叶时进行间苗，5~6 叶时定苗，确保亩基本保苗 3 500~4 500株。

2. 追肥

追肥以氮肥为主配施微肥，氮肥遵循前控、中促、后补的原则，整个生育期追肥 3 次，施入纯 N 15~18 千克/亩。第 1 次拔节期施入纯 N 9~11 千克/亩；第 2 次抽雄前施入纯 N 3~4 千克/亩；第 3 次灌浆期施入剩余氮肥。每次追肥时可额外添加磷酸二氢钾 1 千克。

追肥结合滴水进行。施肥前先滴清水 30 分钟以上，待滴灌带得到充分清洗，田间各路管带滴水一切正常后开始施肥。施肥结束后，再连续滴灌 30 分钟以上，以便将管道中残留的肥液冲净，防止化肥残留结晶阻塞滴灌毛孔。

（四）及时收获

及时收获并清理田间废弃的滴灌带。

二、秸秆覆盖玉米增产新技术

玉米喜水。播种期，无墒不能出苗，墒欠则出苗不齐。喇叭口期和孕穗期若遇旱，就会导致减产或绝收。因此，水是玉米生产中至关重要的因素。秸秆覆盖，也叫生物覆盖，它是利用作物秸秆和一切植物残体覆盖地表，达到蓄水保墒，改土培肥，减少水土流失，进而提高作物单产的一项实用农业技术。通过秸秆覆盖，在地面形成保护层，减少土壤水分的无效蒸发，防止土壤板结，增加有机质，改善土壤结构，使黄土变黑土，瘦地变肥田。据山西省近几年示范推广调查，覆盖田较不覆盖田，一般年份增产 10%~20%，大旱年份比不覆盖的增产 40% 以上，平均亩增产玉米 60~70 千克。农民称此项技术为"大旱大增产，小旱小增产，不旱也增产"。

在年降水量很小的地区，在一年一季春玉米生产上推广此项技术，效果显著。玉米秸秆覆盖技术要点如下。

（一）上年秋季覆盖

玉米棒收获后，将玉米秆割倒或直接踩倒，硬茬顺行覆盖在地面上，留 67 厘米空带，下一排的根压住上一排的梢，在秸秆交接处或每隔 1 米左右的秸秆上压少许土，以免被大风刮走。覆盖量以每亩秸秆 500~1 000 千克为宜，即亩产玉米 500 千克以上的地块，1 亩秸秆可盖田 1 亩。冬前在空行内施农家肥和磷肥，并撒施防虫药剂后进行深耕壮垄。

（二）春季播种及管理

春季玉米适宜播期内，在空行靠秸秆两边种两行玉米。播种时应选用高产、抗病、抗倒伏的玉米良种，并适当增加播种密度，每亩较常规田多种 300~500 株。覆盖田早春地温低，出苗缓慢，易感玉米黑粉病，所以播种时应采用种子包衣，或用 50% 甲基对硫磷乳油按药、水、种子 1:50:500 的比例拌种，或用 40% 的拌种双按种子量的 0.3% 拌种。玉米生长期在空行内中耕、追肥、培土。发现玉米丝黑穗病和黑粉病株要及时清除，最好烧掉。

（三）秋收后再覆盖

秋收后，再在第1年未盖秸秆的空行内覆盖秸秆，这时上一年覆盖的秸秆已基本腐烂。为加速秸秆腐烂，覆盖田要比常规生产田多施15%~20%的氮肥。

第三章　水稻绿色高产高效种植技术

第一节　水稻生长环境条件及特点

一、水稻的生长环境条件

（一）光照

水稻属于喜阳作物，对光照条件的要求较高，需要保证植株每日接受至少 6 小时的阳光。如果长期处于荫蔽环境下，会导致植株生长不良，产量降低。

（二）温度

水稻为喜温作物。水稻生长的最适温度范围为 20~35℃，在这个温度范围内生长最旺盛。超过 35℃生长速度会减缓，过低的温度则会造成生长阻碍。

（三）水分

水稻生长过程中需要适宜的土壤含水量。在不同的生长阶段，水稻对土壤含水量的需求是不同的。在萌芽期，水稻种子需要在土壤中开始发芽，并延展幼芽，这时土壤的含水率需要达到 70%以上。在水稻生长的出苗前，只需保持田间最大持水量的 40%~50%就能满足其发芽、出苗的需要。在 3 叶期以前，水稻并不需要水层，土壤含水量为 70%左右即可。而在 3 叶期以后，土壤水分不少于 80%，如果含水量过低，可能会影响水稻的正常生长。

（四）营养

水稻生长发育，需要的营养有碳、氢、氧，这些营养由空气和水供给，已经满足水稻生长发育的需要。氮、磷、钾、钙、镁、硫、锰、铁、铜、硼、钼、氯等营养元素由土壤供给，不能满足水稻生长发育需要的，需要人为施肥补充。另外，还有一些有益元素等。水稻产量，就是由这些营养元素通过光合作用形成的，缺少某些元素或不足，产量难以形成或影响产量。

二、水稻的生长发育特点

根据外部形态和新器官的建成，水稻的一生又可分为幼苗期、分蘖期、拔节孕穗期和结实期4个生育时期。营养生长阶段包括幼苗期和分蘖期。生殖生长阶段包括拔节孕穗期和结实期，是从稻穗开始分化（拔节）到稻谷成熟的一段时期。

（一）种子发芽和幼苗期

具有发芽力的种子在适宜的温度下吸足水分开始萌发，当胚芽和胚根长大而突破谷壳时，生产上称为"破胸"或"露白"；当芽长达谷粒长度的1/2、根长达谷粒长度时，生产上称为发芽。从萌发到3叶期是水稻的幼苗期。

（二）分蘖期

从第4叶伸出开始萌发分蘖到拔节为分蘖期。分蘖期又常分为秧田分蘖期和大田分蘖期，从4叶期到拔秧为秧田分蘖期，从移栽返青后开始分蘖到拔节为大田分蘖期。拔节后分蘖向两极分化，一部分早生大蘖能抽穗结实，成为有效分蘖；另一部分晚出小蘖，生长逐渐停滞，最后死亡，成为无效分蘖。

（三）拔节孕穗期

从幼穗开始分化至抽穗为拔节孕穗期。此期经历的时间较为稳定，一般为 30 天左右。

（四）结实期

从抽穗开始到谷粒成熟为结实期。结实期经历的时间，因不同的品种特性和气候条件而有差异，一般为 25~30 天。结实期可分为开花期、乳熟期、蜡熟期和完熟期。

第二节　水稻种植关键技术

一、品种选择

品种选择是绿色农业水稻生产的核心技术之一。由于生产上应用的水稻品种很多且又不断更新，根据当地生产情况和市场需求，试验选择适宜的良种非常重要。

（1）选用通过国家或地方审定并在当地示范成功的优质、高产水稻品种。一般 2~3 年更换一次品种，表现很好的品种在没有更新替代优良品种时，4~5 年也要选育、复壮更新。

（2）根据当地的土壤和气候特点以及生产条件，选择品质好、对主要病虫害有抗性、生育期适中的优质丰产品种。在品种的选择中要充分考虑品种的遗传多样性。

（3）根据不同的生产目的选用适宜的品种。直接以绿色食品稻米为生产目的的，一定要选用品质达国家或地方标准的优质品种，且食味品质要好，抗性要强，以确保稳产和卫生品质。生产加工原料的按加工要求，选用相适宜的不同直链淀粉含量、胶稠度、蛋白质含量的品种。

（4）根据当地积温和不同的生产季节选用熟期适宜的品种。寒区选用保证霜前安全成熟的品种；南方早稻选用后期耐高温的生育期适中的感温性品种，中稻选用超级稻品种，晚稻选用后期耐低温、能安全齐穗的优质品种。

（5）根据不同的栽培方式选用适宜的品种。直播宜选用根系发达的品种，抛秧宜选用根系发达、分蘖力强的品种，超稀植的强化栽培宜选用株叶形态好、分蘖力适中的重穗型品种。

（6）选择无重金属残留、无硝酸盐类残留、无农药残留、非化学药剂处理的健康种子。

二、育秧技术

在水稻绿色高产高效栽培中，育秧是关键的一步。

（一）育秧模式

各稻区根据生产状况选择适宜的机插育秧模式和规模，尽可能集中育秧。有条件的地区应采用工厂化育秧或大棚旱育秧，也可以采用稻田旱育秧或田间泥浆育秧。春稻需要保温育秧。

（二）苗床准备

选择排灌、运秧方便，便于管理的田块做秧田或大棚苗床。按照秧田与大田1：（80~120）的比例备足秧田。选用适宜本地区及栽插季节的水稻育秧基质或床土育秧，育秧基质和旱育秧床土要求调酸、培肥和清毒，育秧床土的可适当提高至pH为5.5~7。有条件的地区提倡育秧基质育秧。

（三）机械化精量播种

播种前做好晒种、脱芒、选种、药剂浸种和催芽等处理工作。根据水稻机插时间确定适期播种，提倡用浸种催芽机集中浸种催芽，根据机械设备和种子发芽要求设置好温度等各项指标，催芽做到"快、齐、匀、壮"。

采用机械化精量播种可选用育秧播种流水线或轨道式精量播种机械；泥浆育秧采用田间精密播种器播种。有条件地区提倡流水线播种，直接完成装土、洒水（包括消毒、施肥）、精密播种、覆盖表土。根据插秧机栽插行距选择相应规格秧盘。提倡使用钵形毯状秧盘，实现钵苗机插。秧盘播种洒水须达到秧盘的底土湿润，且表面无积水，盘底无滴水，播种覆土后能湿透床土。播前做好机械调试，确定适宜种子播种量、底土量和覆土量，一般秧盘底土厚度 2.2~2.5 厘米，覆土厚度 0.3~0.6 厘米，要求覆土均匀、不露籽。

（四）秧苗管理

根据育秧方式做好苗期管理。春稻播种后即覆膜保温育秧，并保持秧板湿润。根据气温变化掌握揭膜通风时间和揭膜程度，适时（一般 2 叶 1 心开始）揭膜炼壮苗，膜内温度保持在 15~35℃，防止烂秧和烧苗。加强苗期病虫害防治，尤其是立枯病和恶苗病的防治。单季稻或连作晚稻播种后，搭建拱棚覆盖遮阳网或无纺布遮阳，可防暴雨和鸟害。出苗后及时揭遮阳网或无纺布，秧苗见绿后根据机插秧龄和品种喷施生长调节剂控制生长，每公顷一般用 300 毫升/升多效唑溶液兑水 450 千克均匀喷施。移栽前 3~4 天，天晴灌半沟水蹲苗，或放水炼苗。移栽前对秧苗喷施 1 次对口农药，做到带药栽插，以便有效控制大田活棵返青期的病虫害。提倡秧盘苗期施用颗粒杀虫剂，实现带药下田。

三、水田机械化整地

水田旋耕可一次性完成水田机翻、机耙，降低机械作业成本，减少作业环节，省工、省时、省油，而且节省泡田用水，可节水 30%~50%。其旋耕作业碎土能力强，地表平整。稻茬覆盖严密，工效高，油耗低，一次旋耕能达到一般犁耕和耙地作业几次的碎土效果，耕层透气、透水性好，有利于根系发育。其技术要求：一是水田旋耕，一般在当地插秧前 20 天左右进行，待水灌田后，加以平整即可插秧；二是耕作时，尾轮内管伸出处管的长度不能超过 100 毫米，同时操作时应站着手扶扶手架，使犁刀离地过田埂或过沟，以免内管弯曲；三是操作时，勿使杂草在旋耕刀上缠绕过多，否则将消耗拖拉机的功率和增加零件的磨损；四是清除杂草时需关小油门，将离合、制动手柄放在"离"的位置上，将变速手柄和旋耕刀操作手柄放在空挡的位置，然后清除杂草。

四、机械化插秧

（一）秧苗准备

根据机插时间和进度安排起秧时间，要求随运随栽。秧盘起秧时，先拉断穿过盘底渗水孔的少量根系，连盘带秧一并提起，再平放，然后小心卷苗脱盘，提倡采用秧苗托盘及运秧架运秧。秧苗运至田头时应随即卸下平放，使秧苗自然舒展。做到随起随运随插，尽量减少秧块搬动次数，避免运送过程中挤、压伤秧苗，秧块变形及折断秧苗。运到田间的待插秧苗，严防烈日晒伤苗，应采取遮阳措施防止秧苗失水枯萎。

（二）机械准备

插秧前应先检查调试插秧机，调整插秧机的栽插株距、取秧量、深度，转动部件要加注润滑油，并进行 5～10 分钟的空运转，要求插秧机各运行部件转动灵活，无碰撞卡滞现象，以确保插秧机能够正常工作。装秧苗前须将秧箱移动到导轨的一端，再装秧苗，避免漏插。秧块要紧贴秧箱，不拱起，两秧块接头处要对齐，不留间隙，必要时秧块与秧箱间要洒水使秧箱面板润滑，便于秧块下滑顺畅。

（三）机插要求

根据水稻品种、栽插季节、秧盘选择类型适宜的插秧机，有条件的地区提倡采用高速插秧机作业，提高工效和栽插质量。机插要求插苗均匀，深浅一致，一般漏插率≤5%、伤秧率≤4%、漂秧率≤3%，插秧深度在1~2厘米，以浅栽为宜，以提高低节位分蘖。

根据水稻品种、栽插季节、插秧机选择适宜种植密度。常规稻株距12~16厘米，每穴3~5株，种植密度25.5万~33万穴/公顷。杂交稻株距14~17厘米，每穴2~3株，种植密度24万~30万穴/公顷。超级稻机插每穴1~2株。

五、田间管理

（一）合理施肥

根据水稻目标产量及稻田土壤肥力，结合配方施肥要求，合理确定施肥量，培育高产群体。提倡增施有机肥，配合氮、磷、钾肥。各稻区施肥量根据本地区土壤肥力状况、目标产量和品种类型确定。一般有机肥和磷肥用作基肥，在整地前可采用机械撒肥机等施肥机具施入，经耕（旋）耙施入土中。钾肥按基肥和穗肥各50%施用；氮肥按基肥50%、分蘖肥30%、穗肥20%的比例分期施用。

（二）水分管理

灌溉采用浅、湿、干模式。机插后活棵返青期一般保持1~3厘米浅水，秸秆还田田块在栽后两个叶龄期内应有2~3次露田，以利于还田秸秆在腐解过程中产生的有害气体的释放，之后结合施分蘖肥建立2~3厘米浅水层。全田茎蘖数达到预期穗数80%左右时，采用稻田开沟机开沟，及时排水搁田。通过多次轻搁，使土壤沉实不陷脚，叶片挺起，叶色显黄。拔节后浅水层间歇灌溉，促进根系生长，控制基部节间长度和株高，使株型挺拔、抗倒，改善受光姿态。开花结实期采用浅湿灌溉，保持植株较多的活根数及绿叶数，植株活熟到老，提高结实率与粒重。

（三）草害防治

在机插前7天内结合整地，施除草剂一次性封闭灭草，施药后保水 3~4 天。机插后 7 天内根据杂草种类结合施肥施除草剂，施药时水层 3~5 厘米，保水 3~4 天。有条件的地区在机插 14 天后采用机械中耕除草，除草时要求保持水层 3~5 厘米。

六、收获与贮藏

（一）收获方法

黄熟期及时收获，避免营养物质倒流损失。稻谷成熟度达85%~90%时收获，选择晴天，边收边脱粒，避免堆垛时间过长烧堆，影响米质。

稻谷收获后应及时用谷物烘干机烘干或晾晒至标准含水量，籼稻 13.5%、粳稻 14.5%，谷物烘干机根据生产规模配置。

（二）运输与贮藏

1. 水稻运输

运输车辆无污染，专车专货调运，严禁一车多货以及与有污染的化肥、农药及其他有污染的化工产品等混运。

2. 水稻贮藏

应实行一仓一品种或同仓分品种堆放贮存，防止二次污染。要经常检查温度、湿度和虫鼠霉变，做好防范工作。

第三节 水稻绿色高产高效种植技术模式

一、多年生稻轻简高效生产技术

多年生稻轻简高效生产技术是通过种植人工培育、在自然生产条件下能反复利用地下茎正常萌发再生成苗的水稻品种，实现种植 1 次可连续收获 2 季以上的稻作生产技术，是一种新型、高效、轻简的稻作生产方式，对于稳定水稻种植面积、提高种稻效

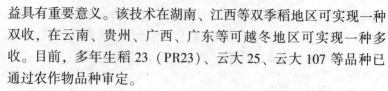

益具有重要意义。该技术在湖南、江西等双季稻地区可实现一种双收，在云南、贵州、广西、广东等可越冬地区可实现一种多收。目前，多年生稻23（PR23）、云大25、云大107等品种已通过农作物品种审定。

（一）优选优种

选用多年生水稻良种，一般亩用种量为3千克左右。

（二）育秧移栽（第1季）

第1季采用旱育秧方式，培育壮秧，因地制宜选择壮秧剂。移栽基本苗为1.1万~2.0万穴/亩（或者与当地常规稻移栽密度相同），每穴2~3苗。往后每一季，收获后保留稻桩。

（三）水分管理

寸水活棵（促芽）：第1季移栽后10天内，再生季稻桩初整理10天内，田块保持有3厘米左右的水层。浅水分蘖：第1季秧苗返青期至分蘖盛期，再生季发苗（单穴稻桩1~2苗）至分蘖盛期，田块保持有1~2厘米水层，利于分蘖早生快发。够苗晒田：第1季和再生季，分蘖数达到目标有效穗数75%左右时，田块开始控水晒田。拔节长穗期有水：每一生产季拔节期、幼穗分化期、抽穗扬花期田块保持有2~3厘米水层。蜡熟后晒田保根促芽：每一季蜡熟期（齐穗后15天左右）后都撤水晒田。越冬期：有灌水条件区域，田块保持有2~3厘米水层；灌水条件较差区域保持土壤湿润。

（四）肥料运筹

亩纯氮推荐用量为12千克（包括保根促芽肥），氮、磷、钾比例为2：1：2。第1季氮肥按基肥、分蘖肥、穗肥、保根促芽肥比例为2：3：2：3施用，磷肥全部作基肥施，钾肥按基肥、穗肥、保根肥比例为4：4：2施用。再生季氮肥按芽肥（基肥）、分蘖肥、穗肥、保根保芽肥比例为1：4：2：3施用，磷肥全部作基肥施，钾肥按基肥、穗肥、保根保芽肥比例为 4：4：2 施用。促芽肥（基肥）应在稻桩发新苗长白根（3 叶 1 心）施用。

（五）留茬高度

在双季稻区早稻收获时，留稻桩高度为 5~10 厘米，在双季稻区晚稻和一季稻区收获时留稻桩高度为 20~30 厘米。

（六）越冬管理

越冬期可套种蔬菜或绿肥。有灌水条件且无霜的区域，田块保持 2~3 厘米水层；灌水条件较差区域保持土壤湿润。越冬后按当地早稻移栽时间，对稻桩进行割除，保留稻桩高度为 5 厘米左右。同时使用除草剂防治杂草。

（七）杂草防治

移栽或水稻出苗后 5~7 天施用常规除草剂防控杂草，在收获后 2 天使用除草剂进行芽前封闭。土壤处理使用扑草净防治禾本科杂草；阔叶杂草和莎草，喷雾使用氰氟草酯、双草醚、五氟磺草胺等。对多年生杂草使用氰氟草酯、灭草松、氯氟吡氧乙酸等喷雾。

二、水稻钵苗机插高效高产技术

（一）培育标准化壮秧

培育标准化壮秧是水稻钵苗机插优质高产栽培的最根本、最前提性核心技术。

1. 壮秧标准

钵苗机插栽培的关键在于培育标准化壮秧。秧龄 25~30 天，叶龄 5.0 左右，苗高 15~20 厘米，单株茎基宽 0.3~0.4 厘米，平均单株带蘖 0.3~0.5 个，单株白根数 13~16 条。成苗孔率：常规稻≥95%，杂交稻≥90%。平均每孔苗数：常规粳稻 3~5 苗，杂交粳稻 2~3 苗，杂交籼稻 2 苗左右。单株带蘖率：常规

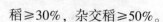

稻≥30%，杂交稻≥50%。

2. 制作平整秧板

根据钵盘尺寸规格，按畦宽 1.6 米、畦沟宽 0.35~0.40 米、沟深 0.2 米开沟作畦。要求畦面平整，做到灌、排分开，内、外沟配套，能灌能排能降。多次上水整田验平，高差不超过 1 厘米。摆盘前畦面铺细孔纱布 [<（0.5 厘米×0.5 厘米）]，以防止根系窜长至底部床土中导致起盘时秧盘底部粘带土壤。

3. 精确播种

常规粳稻每孔播种 4~5 粒为宜，可成苗 3~4 苗；每盘播干种量 60 克左右。杂交粳稻每孔播种 3 粒为宜，可成苗 2~3 苗。杂交籼稻，每孔播种 2~3 粒，可成苗 2 苗。

4. 暗化齐苗

育秧中采用暗化技术，利于全苗齐苗。将播种好的秧盘在室外堆叠起来，叠放时上下两张秧盘交错，保证上面一张秧盘的孔放置在下张秧盘的槽上，每摞叠放的秧盘间留有一定空隙。每摞最底层盘的下面垫上东西支撑或最底层秧盘为空秧盘，每摞最上面一张为空秧盘。秧盘叠放结束，及时于秧盘四周盖上黑色塑料布。暗化 3~5 天后，待苗出齐、不完全叶长出时即可揭去塑料布。

5. 摆盘

将暗化处理过的塑盘沿秧盘长度方向并排对放于畦上，盘间紧密铺放，秧盘与畦面紧贴不能吊空。秧板上摆盘要求摆平、摆齐。

6. 旱育化控

旱育壮秧。1~3 叶期，晴天早晨叶尖露水少时要及时补水；3 叶期后，秧苗发生卷叶于当天傍晚补水；4 叶期后，注意控水，以促盘根；移栽前 1 天，适度浇好起秧水。

两次化控壮秧。第 1 次，秧盘钵孔中带有壮秧剂的营养土能矮化壮秧；第 2 次，于秧苗 2 叶期，每百张秧盘可用 15%多效唑粉剂 4 克，兑水喷施，喷露要均匀。

（二）精确机插

水稻钵苗插秧机的行距有等行距（行距 33 厘米）与宽窄行（宽行 33 厘米、窄行 27 厘米，平均行距 30 厘米）两种。

单季稻的大穗型品种，宜选 33 厘米行距插秧机。常规粳稻一般采用株距 12 厘米，亩插 1.68 万穴，每穴 3～5 苗，基本苗 6 万～7 万/亩。杂交粳稻采用株距 14 厘米，亩插 1.44 万穴，每穴 2～3 苗，基本苗 3 万～4 万/亩。籼型杂交稻繁茂性强，可采用株距 16 厘米，亩插 1.26 万穴，每穴 1～3 苗，基本苗 3 万/亩左右。

单季稻的中小穗型品种及双季稻品种，宜选宽窄行插秧机（平均行距 30 厘米）。常规粳稻一般采用株距 12 厘米，亩插 1.85 万穴，每穴 4～5 苗，基本苗 7 万～9 万/亩。杂交稻采用株距 14 厘米，亩插 1.58 万穴。其中杂交粳稻每穴 3 苗，基本苗 4 万～5 万/亩；杂交籼稻每穴 2～3 苗，基本苗 4 万/亩左右。

保证接行准确。插深一致，把栽深控制在 2.5～3.0 厘米范围内。

（三）精确施肥

氮肥的基蘖肥与穗肥适宜比例为 6∶4，在前茬作物秸秆全量还田条件下，氮肥基蘖肥与穗肥适宜比例为 7∶3。钵苗机插水稻早施重施分蘖肥，一般移栽后 3～5 天适当重施。生育中后期应在倒 4 叶或倒 3 叶期施用促花肥。磷肥一般全部作基肥使用；钾肥 50%作基肥、50%作促花肥施用。

（四）科学管水

薄水栽秧，浅水分蘖，够苗到拔节期分次轻搁田，拔节期至抽穗期"水—湿—干"交替，灌浆结实期"浅—湿—干"交替。

三、再生稻高产高效栽培技术

再生稻主要是以主机收割过后的稻桩为基础，利用到装上仍旧存活的休眠芽，借助相应的栽培和管理技术，使之再次萌发，然后抽水，发育成熟，最终进行收割的水稻。

（一）选择培育品种

再生稻的栽培，必须以头季稻能高产，后季再生能力强的品种为优先选择，而且这一品种也需要具备适宜的成熟期，具备相当程度的抗逆性，在品质上也应当符合种植的基本要求。在具体选择的时候，农户可以着眼于早熟品种或者是杂交品种，根据自身农田所处的地理位置，结合农作物的生长环境来科学确认。

（二）培育壮秧

1. 适当早播

农户应当充分利用好春季到来前期，积累温度，这样可以让再生稻的生长变得更加高产，让头季稻提早成熟。同时，农户应当保证再生稻的安全齐穗，在每年的3月25日，先播种头季稻，如果农户所在区域有温室或者是大棚，可以提前到3月10日进行播种。

2. 培育机育秧

农户应当选择好作物栽培的苗床，尽可能靠近大田，而且要确保周围的排灌条件满足基本要求，交通运输设施也应当方便快捷，地势应当以平坦为宜，苗床和大田之间的比例应当为1：80，或者是1：100。在苗床选择完毕之后，农户应当准备好再生稻种植的营养土，一般要集中在年前进行作业，要选择无污染的田块，确保土壤的肥沃和疏松，而且还应当在底土中现拌优质的壮秧剂，搅拌均匀之后投入使用。在必要的情况下，农户也可以用育秧基质，作为营养土的代替物，同样能够发挥出一样的效果。

另外，农户应当备足种子和秧盘，就杂交水稻来讲，大田用种量应当为 1.5 千克左右，每亩大田的硬盘应当是 20 张。而后，农户应当浸泡种子，进行消毒，完成催芽工作。在正式浸种之前，应当先日晒 1~2 天，选用咪鲜胺药剂，以此来有效预防各种病虫害，特别是恶苗病和立枯病等，种子在药剂中浸泡要花费一天的时间。农户应当先把杂交稻放入催芽机或者是催芽桶内，然后调节机器的温度，一般应当以 35℃ 为宜，经过 12 小时之后，种子就基本完成了破胸，农户就可以把破胸的种子摊放在油布上，然后花费 6~12 小时的时间进行炼芽，再晾干等待播种。

同时，农户应当用机械来完成播种工作，首先要对机器设备进行调试，要确保秧盘内的底土厚度始终保持在 2 厘米左右；其次要调节洒水量，确保底土没有积水残留，盘底也没有滴水现象。最后就是对播种量的调节，也就是播种湿谷 100 粒。如果需要借助人工的力量来完成播种，需要在正式播种前一天，浇透苗床底水，确保播种的均匀和苗齐，然后在软盘内装拌有壮秧剂的底土，喷洒足够的水分，按照分次播种的形式进行，要保证人工播种和机械播种在数量上的相等。

（三）合理移栽

农户在移栽的过程中，必须坚持田等秧的原则，提前对田块进行整理和优化，当秧龄为 20~25 天的时候，开展一系列的移栽工作。而且，要确保备栽秧苗的苗齐、苗匀，根盘结成毯状。

（四）水资源的调度

当头季稻处于返青期、孕穗期和抽穗扬花期的时候，农户必须为作物的生长提供充足的水资源。但在头季稻生长的其他阶段，农户就应当以间歇灌溉为主，保证土壤湿润即可。当种子收获之前，农户要提前 5 天进行断水，要把握好断水的时机。在移栽后 30 天，头季亩苗数达到 18 万左右的时候，农户要开展排水工作，然后要进行晒田作业，要确保苗的最高数量在 25 万/亩以内，成穗达到 18 万/亩。

（五）优化施肥作业

农户应当科学把握好施肥的比例，应当控制氮肥，稳定磷肥，增加钾肥，补充微量元素。就再生稻的生长来讲，农户应当把重点放在施促芽肥、提苗肥上。在头季稻收割前 10 ~ 15 天，开展施肥工作，施肥的类型包括尿素、钾肥两种。农户应当在头季稻收割之后 2~3 天内，对土地施以提苗肥。

第四章 马铃薯绿色高产高效种植技术

第一节 马铃薯生长环境条件及特点

一、马铃薯的生长环境条件

(一) 土壤

马铃薯要求土壤有机质含量多、土层深厚、质地疏松、排灌条件好，以壤土和砂壤土为好。轻质壤土透气性好，具有较好的保水保肥能力，播种后块茎发芽快、出苗整齐、发根也快，有利于块茎膨大。马铃薯喜欢偏酸性的土壤，pH 为 4.8~7.0 的土壤都可种植马铃薯，最适宜的土壤 pH 是 5.0~5.5。

(二) 温度

马铃薯喜冷凉的气候。当气温过高时，植株的生长和块茎的形成都会受到抑制。播种后，10 厘米地温达到 7~8℃ 时，幼芽即可生长成苗；10 厘米地温达到 10~12℃ 时，出苗快且健壮。出苗后，18℃ 的气温最有利于茎的伸长生长，6~9℃ 时生长缓慢，高温则引起植株徒长。叶片生长的下限温度是 7℃，最适温度是 12~14℃，较低的夜温最有利于叶片的生长。形成块茎所需的最适气温是 17~20℃，10 厘米地温是 16~18℃，低温下块茎形成早，夜间温度越高，越不利于块茎的形成。

（三）光照

马铃薯的生长、株型结构和产量的形成等对光照强度和光照时数都有强烈反应。光照强度不仅影响植株的光合作用，而且与茎叶的生长有密切的关系。马铃薯植株的光饱和点为 3 万~4 万勒克斯，随着光照强度的降低，光合作用也随之降低。

（四）水分

马铃薯是喜水作物，由于根系分布浅、数量少，对干旱条件十分敏感。据测定，马铃薯的块茎每形成 1 千克干物质，消耗水 400~600 千克。马铃薯不同生长期对水的需求量是不同的。幼苗期耗水量较少，约占全生育期总耗水量的 10%，苗期应保持土壤相对湿度为 55%~60%；发棵期耗水量占总耗水量的 30%~40%，这时要保持土壤有充足的水分；在发棵的前半期要保证土壤相对湿度为 70%~80%，后半期可逐步降低土壤湿度，以便适当控制茎叶生长；进入块茎膨大期耗水量占总耗水量的 50% 以上，这个时期应分别于初花、盛花、终花阶段浇水，这三次水缺少一次，会减产 30% 以上。块茎膨大后期，是淀粉积累的主要时期，这时应适当保持土壤干燥，土壤相对湿度以 60% 左右为宜。

二、马铃薯的生长发育特点

马铃薯从播种到成熟收获分为 5 个生长发育阶段，早熟品种各个生长发育阶段需要时间短些，而中晚熟品种则长些。

（一）发芽期

从种薯播种到幼苗出土为发芽期。未催芽的种薯播种后，温度、湿度条件合适，30 天左右幼苗出土，温度低需 40 天才能出苗。催大芽播种加盖地膜出苗最快，需 20 天左右。这一时期生长的中心是发根、芽的伸长和匍匐茎的分化，同时伴随着叶、侧枝和花原基等器官的分化。这一时期是马铃薯建立根系，出苗，为壮株和结薯的准备阶段，是马铃薯产量形成的基础，其生长发育过程的快慢与好坏关系到马铃薯的全苗、壮苗和高产。这一时期所需的营养主要来源于母薯块，通过催芽处理，使种薯达到最佳的生理年龄；在土壤方面，应有足够的墒情、充足的氧气和适宜的温度，为种薯的发芽创造最佳的条件，使种薯中的养分、水分、内源激素等得到充分的发挥，加强茎轴、根系和叶原基等的分化与生长。

（二）幼苗期

从幼苗出土后 15~20 天，第 6 片叶子展开，复叶逐渐完善，幼苗出现分枝，匍匐茎伸出，有的匍匐茎顶端开始膨大，团棵孕蕾，幼苗期结束。这一时期植株的总生长量不大，但却关系到以后的发棵、结薯和产量的形成。只有强壮发达的根系，才能从土壤中吸收更多的无机养分和水分，供给地上部的生长，建立强大的绿色体，制造更多的光合产物，促进块茎的发育和干物质的积累，提高产量。这一时期的田间管理重点是及早中耕，协调土壤中的水分和氧气，促进根系发育，培育壮苗，为高产建立良好的物质基础。

（三）发棵期

复叶完善，叶片加大，主茎现蕾，分枝形成，植株进入开花初期，经过 20 天左右生长发棵期结束。发棵期仍以建立强大的同化系统为中心，并逐步转向块茎生长为特点。此期各项农业措施都应围绕这一生长特点进行。马铃薯从发棵期的以茎叶迅速生长为主，转到以块茎膨大为主的结薯期。该期是决定单株结薯多少的关键时期。田间管理重点是对温、光、水、肥进行合理调控，前期以肥水促进茎叶生长，形成强大的同化系统；后期中耕结合培土，控秧促薯，使植株的生长中心由茎叶生长为主转向以地下块茎膨大为主。如控制不好，会引起茎叶徒长，影响结薯，特别是中原二季作区的马铃薯。但在中原二季作区的秋马铃薯以及南方二季作区的秋冬或冬春马铃薯，由于正处于短日照生长条件，不利于发棵，不会引起茎叶徒长。

（四）结薯期

开花后结薯延续约45天，植株生长旺盛达到顶峰，块茎膨大迅速达到盛期。开花后茎叶光合作用制造的养分大量转入块茎。这个时期的新生块茎是光合产物分配中心向地下部转移，是产量形成的关键时期。块茎的体积和重量保持迅速增长趋势，直至收获。但植株叶片开始从基部向上逐渐枯黄，甚至脱落，叶面积迅速下降。结薯期长短受品种、气候条件、栽培季节、病虫害和农艺措施等影响，80%的产量是在此时形成的。结薯期应采取一切农艺措施，加强田间管理和病虫害防治，防止茎叶早衰，尽量延长茎叶的功能期，增加光合作用的时间和强度，使块茎积累更多光合产物。

（五）淀粉积累期

结薯后期地上部茎叶变黄，茎叶中的养分输送到块茎（积累淀粉），直到茎叶枯死成熟。这段时间约20天，此时块茎极易从匍匐茎端脱落。在许多地区，一般可看到早熟品种的茎叶转黄，大部分晚熟品种由于当地有效生长期和初霜期的限制，往往未等到茎叶枯黄即需要收获。

不同品种生长发育的各个阶段出现的早晚及时间长短差别极大，如早熟品种各个生长发育阶段早且时间短，而中晚熟品种发育阶段则比较缓慢且时间长。

第二节　马铃薯种植关键技术

一、品种选用

（一）品种特点

根据用途（鲜食、加工），选择适应当地种植的高产、优质、抗病虫、抗逆、适应性广、商品性好的脱毒马铃薯（薯类）品种。

（二）种薯质量

生产绿色食品商品薯的合格种薯，质量应达到国家马铃薯（薯类）脱毒种薯质量标准中的一级种薯要求。种薯宜选用幼龄薯、壮龄薯，不可选用老龄薯、龟裂薯、畸形薯。病毒病植株≤0.5%，黑胫病和青枯病植株≤1.0%，疮痂病、黑痣病和晚疫病植株≤10.0%，无环腐病植株。

二、播种技术

（一）整地

深耕改土，土层深达40厘米左右，耕作深度约20～30厘米，精细整地，均匀起畦种植。搞好节水灌溉的田间排灌沟，避免和减轻旱涝对马铃薯的影响。

（二）施基肥

基肥用量占总用肥量的80%以上。结合整地每亩施1 500千克左右的有机肥（堆肥）。播种时，株间每亩配施10千克尿素、15千克磷酸二铵、5千克硫酸钾或等同纯氮、磷、钾含量的专用肥或复合肥（忌用氯化钾）。

（三）种薯处理

1. 催芽

播前15～30天将冷藏或经物理、化学方法人工解除休眠的种薯，放入室内近阳光处或室外背风向阳处平铺2～3层，温度15～20℃，夜间注意防寒，3～5天翻动1次，均匀见光壮芽。在催芽过程中淘汰病、烂薯和纤细芽薯，催芽时要避免阳光直射、雨淋和霜冻等。

2. 切块

播种时温度较高、湿度较大的地区，不宜切块。必要时，在播前 4~7 天，选择健康的、生理年龄适当的较大种薯切块。机械播种可切大块，每块重 35~45 克。人工播种可切小块，每块重 30~35 克。每个切块带 1~2 个芽眼。切刀每使用 10 分钟或在切到病、烂薯时，用 5% 的高锰酸钾溶液或 75% 酒精浸泡 1~2 分钟或擦洗消毒。切块后立即用含有多菌灵（约为种薯重量的 0.3%）或甲霜灵（约为种薯重量的 0.1%）的不含盐碱的植物草木灰或石膏粉拌种，并进行摊晾，使伤口愈合，勿堆积过厚，以防烂种。

（四）播种期

根据各地气候规律、品种特性和市场需求选择适宜的播期。播种过早，常因低温影响，造成缺苗严重；播种过迟，耽误马铃薯后茬的生产季节。以土壤 5~10 厘米深度稳定在 10℃ 以上时播种比较适宜。

（五）播种方式

采用机械播种或人工播种。地温低而含水量高的土壤宜浅播，播种深度约 5 厘米；地温高而干燥的土壤宜深播，播种深度约 10 厘米。播种后及时镇压，防止跑墒。降水量少的干旱地区宜平作，降水量较多或有灌溉条件的地区宜垄作。播种季节地温较低或气候干燥时，宜采用地膜覆盖。

（六）密度

根据品种和栽培条件确定不同的播种密度。早熟品种及高肥力的地块适当密植，4 000~4 700 株/亩；晚熟品种及肥力较低的地块适当稀植，3 500~4 000 株/亩。

三、田间管理

（一）发芽期管理

1. 耢地、松土

一般在播种后每隔 7~10 天耢地 1 次，耢 2~3 次，耢地时幼芽已伸长但未出土，目的是提高地温，保持土壤疏松透气，减少水分蒸发，使块茎早发芽，早出苗，并有除草作用。

2. 苗前浇水

一般情况不浇水，若土壤严重干旱，进行苗前浇水。

（二）幼苗期管理

1. 中耕

在苗齐之后，苗高 7~10 厘米时，进行中耕 1~2 次，深度 10 厘米左右，浅培土，同时结合除草。

2. 查苗、补苗

发现缺苗断垄现象及时补苗。选缺苗附近苗较多的穴，取苗补栽，厚培土，外露苗顶梢 2~3 个叶片，天气干旱时，栽苗后要浇水。

3. 施肥

根据幼苗的长势、长相酌情施肥，一般施总追肥量的 6%~10%。如基肥不足，立即追施尿素每亩 15 千克，或浇施腐熟人粪尿 750~1 000 千克。

4. 浇水

视墒情酌情浇水。

（三）块茎形成期管理

1. 追肥

现蕾期追肥，以钾肥为主，结合施氮肥，以保证前期、中期不缺肥，后期不脱肥。

2. 灌水

块茎形成期枝叶繁茂，需水量多，土壤水分含量以田间持水量的 60% 为宜，遇旱应灌溉，以防干旱中止块茎形成，减少块茎数量，但不能大水漫灌以免形成畸形薯。

3. 中耕培土

苗期中耕后 10~15 天进行 1 次中耕，深度 7 厘米，现蕾时再中耕 1 次，深 4 厘米左右，这两次中耕要结合培土，第 1 次培土宜浅，第 2 次稍厚。基部枝条一出来就培土压蔓，匍匐茎一旦露出地表也应培土，以利于结薯。

4. 摘花摘蕾

马铃薯花蕾生长会无谓消耗大量的养分，所以见花蕾就尽量掐去，能促进薯块膨大，增加产量，可增产 10%左右。

(四) 块茎增长期管理

1. 叶面追肥

马铃薯开花以后，植株已封垄，一般不宜根际追肥。根据植株长势叶面喷施磷酸二氢钾、硼、铜等溶液，防止叶片早衰。

2. 浅中耕

植株封垄前进行最后一次浅中耕，避免切断匍匐茎。

3. 浇膨大水

现蕾期开始至采收前一周不干地皮。此期如土层干燥，开花期应浇水，头三水更属关键，所谓"头水紧，二水跟，三水浇了有收成"，浇水后浅中耕破除土壤板结。

(五) 淀粉积累期管理

1. 适当轻灌

此期如土壤过干应适当轻灌，收获前 10~15 天应停止灌水，促使薯皮老化。对于块茎易感染腐烂病的品种，结薯后期应少浇水或早停止浇水，不能大水漫灌。如雨水过多，应做好排涝工作，以防薯腐烂。

2. 叶面追肥

淀粉积累阶段需肥量较少，约占一生总量的 25%，开花期以后原则上不应追施氮肥。有条件的可喷施磷、钾、镁、硼肥溶液，可防止叶片早衰。

四、收获与贮藏

(一) 适时收获

马铃薯在生理成熟期收获，产量、干物质含量、还原糖含量均最高，生理成熟的标志是：①大部分叶片由绿变黄转枯；②块茎与植株容易脱落；③块茎大小、色泽正常，表皮韧性大，不易脱落。加工用薯要求块茎正常、生理成熟才能收获，此时品质最优。鲜食一般应根据市场需求确定收获时期，以便获得最高的经济收益。对于后期多雨地区，应抢时早收，避免田间腐烂损失。如果是收获种薯，可在茎叶未落黄时割掉地上茎叶，适当提前采收，以防止后期地上部茎叶感病后将病菌传到块茎，使种薯带上病菌而影响种薯质量。收获应选晴天进行，先割（扯）去茎叶，然后逐垄仔细收挖。在收挖过程中应尽量避免挖烂、碰伤、擦伤等机械损伤以及漏挖。

(二) 贮藏要求

马铃薯在贮藏过程中薯块仍有旺盛的生理活动，不仅有田间侵染的病菌继续危害块茎，而且在贮藏过程中还可被新的病菌所侵染。这就要求有良好的储存条件，同时要求较高的储存技术。

1. 对贮藏薯块的要求

准备贮藏的马铃薯应在植株达到充分成熟后收刨。收刨前5~7天应停止浇水，以促使薯皮老化，增强耐储性。收获后的薯块不要马上入窖，而应摊在阴凉、干燥、通风处后熟5~7天，使表皮形成木栓层，伤口愈合后入窖贮藏。入窖前将受伤、病斑、腐烂块茎剔除，以防止贮藏中病害蔓延。

2. 贮藏期间的管理

(1) 薯窖检查。在贮藏期间，一般应每隔15天左右检查1次薯窖。如果发现有烂薯现象，应及时进行倒窖，挑出烂块，同时晾晒薯块。

（2）温度、湿度控制。马铃薯的适宜贮藏温度是2~5℃，湿度标准是薯堆表面既不出现"出汗"现象，又能保持薯皮新鲜。

（3）光照控制。对商品薯，在整个贮藏过程中都应尽量避免见光，防止"绿皮"，对种薯则应经常接受散射光的照射，以减少发病率，并通过见光来抑制芽的生长。

（4）预防发芽。预防发芽的措施有低温贮藏和施用抑芽剂等。低温贮藏需要降温设备，投资较大。生产中可用马铃薯抑芽剂，储存于相对湿度为60%以上及黑暗条件下，贮藏期可达180天以上。用药时要求薯块收刨后放在适宜条件下后熟两周，这是因为新鲜薯块施药后会受到伤害。

（5）贮藏期间的伤害。贮藏期间应防止冻害、冷害、热害等伤害，当气温降到-2~-1℃时，薯块就易受冻害；0℃下2个月，2℃下6个月就可发生冷害；贮藏温度高于35℃时就可出现热害。因此贮藏期间应控制温度，注意保温和降温。

第三节　马铃薯绿色高产高效种植技术模式

一、马铃薯机械化栽培技术

（一）农机及种植模式

2CMF-2B型马铃薯种植机由18千瓦以上的拖拉机牵引，后悬挂配套的宽、窄双行种植机，主要由机架、播种施肥装置、开沟器、驱动地轮、起垄犁等部件组成，行距、株距可调。播种作业时，先由马铃薯种植机的开沟犁开出一沟施肥，再由地轮驱动链条碗式播种机将种薯从种箱中定量播到沟里，最后由起垄犁培地起垄，完成播种作业。目前，马铃薯机械化栽培逐步形成了以机械化整地、机械化种植、田间管理、机械化收获技术为核心，以中、小型拖拉机和配套种植收获机械为主体的马铃薯机械化种植收获模式，主要有以下两种：一是平作模式，二是垄作模式。操作步骤是撒施农家肥→机械耕翻→机械化（起垄）施肥播种→中耕培土→田间管理→机械化收获→贮藏。

（二）选择优良品种

种薯应选择块茎大、口感好、抗病性强、产量高的青薯2号、高原4号等优良品种，挑除龟裂、不规则、畸形、芽眼突出、皮色暗淡、薯皮老化粗糙的病、烂等种薯。于播前7～10天将种薯置于向阳背风处晒种。

（三）种薯处理

切薯和催芽方法按常规方法进行即可。

（四）整地施肥

选择地势平坦、地块多而集中、便于机械作业、前茬作物为小麦、油菜等禾谷类作物的地块，不与茄科蔬菜连作。由于马铃薯是高产喜肥作物，对肥料反应非常敏感，在整个生育期中，需钾肥最多，氮肥次之，磷肥较少。施肥时应以腐熟的农家肥和草木灰等基肥为主，一般亩施腐熟有机肥5 000千克、尿素50千克、硫酸钾20千克。采用平作模式时选择没有经过耕翻的地块；采用垄作模式时要结合施有机肥机械耕翻1次，耕深为20厘米。

（五）播种

北方地区通常在晚霜前约30天开始播种，即日平均气温超过5℃或10厘米土壤耕层深处地温达7℃。一般在4月中下旬至5月初开始播种。播种深度：采用垄作模式时，垄播机覆土圆盘开沟器深度、开度要调整正确，确保垄形高而丰满，播种深度为10～12厘米，种薯在垄的两侧，行距60厘米，通过更换中间传动链轮调整株距，一般为15～20厘米，垄作模式选用2MDB-A

型马铃薯垄播播种机；平作模式的播种深度为 13～15 厘米，通过调整开沟犁、覆土犁在支架上的前后位置来调整株行距，株行距一般调为 25 厘米×50 厘米，选用内蒙古的 2MBS1 型犁用平播播种机。

机械作业时，要求注意以下几点：

1. 土壤湿度

播种作业时土壤湿度应为 65%～70%。土壤过湿易出现在机具上粘土、压实土壤、种薯腐烂等问题，土壤过干不利于种薯出苗、生长。

2. 机具调试

播种前要按照当地的农艺要求，对播种机的播种株距、行距、排肥量进行反复调试，以达到适应垄距、定量施肥和播种的目的。

3. 起垄形状

垄形要高而丰满，两边覆土要均匀整齐。土壤要细碎疏松，有利于根茎延伸，提高地温。以垄下宽 70 厘米，垄上宽 50 厘米，垄高 10 厘米为宜。要求土壤含水率在 18%～20%。

4. 播种

播行要直，下种均匀，深度一致，播种深度应以 9～12 厘米为宜。马铃薯种植时必须单块或单薯点种，在种植过程中应避免漏播或重播。种薯在垄上侧偏移 3 厘米左右，重播率小于 5%，漏播率小于 3%，株距误差 3 厘米左右。

5. 分层施肥

在播种的同时将化肥分层深施于种薯下方 6～8 厘米处，让根系长在肥料带上，充分发挥肥效。

6. 平稳行驶

马铃薯种植机一次完成的工序较多，为保证作业质量，机具行走要慢一点，开 1 挡慢行，严禁地轮倒转，地头转弯时必须将机器升起，严禁石块、金属、工具等异物进入种箱和肥箱。随时观察起垄、输种、输肥及机具运行状况是否正常，发现问题及时排除。

7. 故障排除

马铃薯种植机常见的故障主要有以下几种：一是链条跳齿，应调整两链轮在一条直线上，并清除异物；二是地轮空转不驱动，应适量加重，调整深松犁深度；三是薯种漏播断条，应控制薯种直径，提升链条不能过松；四是种碗摩擦壳体，应调整两脚的调节丝杆使皮带位于中心位置；五是起垄过宽，应调整覆土犁铲的间距和角度。

（六）田间管理

如发现缺苗，要及时从临穴里掰出多余的苗进行扦插补苗。扦插最好在傍晚或阴天进行，然后浇水。苗齐后及时中耕除草培土，促进根系发育，同时便于机械收获。当植株长到 20 厘米时进行第 1 次中耕培土，并亩追施碳酸氢铵 30 千克。现蕾时视情况而定，有必要的进行第 2 次中耕培土，垄高保持在 22 厘米左右，并在现蕾开花期用 0.3% 的磷酸二氢钾进行叶面喷施。块茎膨大期需水量较大，若干旱及时浇水。及时采取措施防治马铃薯的晚疫病、黑胫病、环腐病和早疫病等病害，一旦发生要及时拔除病株深埋并及时喷药，以减少病害的蔓延。

（七）适时收获

机具可选用 4UM-550D 型马铃薯挖掘收获机。当植株大部分茎叶干枯，块茎停止膨大而易从植株脱落，土壤含水率在 20% 左右时，用马铃薯收获机进行田间收获作业。挖掘前 7 天割秧，留茬 5~10 厘米，使块茎在土中后熟，表皮木栓化，收获时不易破皮。为加快收获进度，提高工作效率，一般要求集中连片地块统一收获作业。挖 1 行，拾 1 行，杜绝出现漏挖、重挖现象，挖掘深度在 20 厘米以上。

二、马铃薯间作棉花栽培技术

此种模式是棉区主要间套模式。马铃薯利用了春季冷凉季节的光能，其收获后，棉花进入了旺盛生长阶段，充分利用了夏秋高温季节的光能。薯棉共生期只有 30~45 天，马铃薯棵矮，棉薯间作基本不影响棉花生长，棉花苗期时间又稍长，为马铃薯生长提供了较充足的空间，棉花不少收，且多收一季薯，有着广阔的发展前景。此外，马铃薯与棉花间套作的前期，可给棉花挡风，延迟棉蚜的危害。马铃薯收获后，薯秧可压青培肥地力，增加棉花营养，同时改善棉田的通风透光状况，有利于结铃坐桃，提高棉花产量。马铃薯的根系较浅，棉花根系较深，使土壤深浅层次的水分和养分得到充分利用。马铃薯与棉花间作的栽培技术要点如下。

（一）选择品种与种薯处理

马铃薯应选择早熟品种，如费乌瑞它、鲁薯 1 号、中薯 2 号等高产脱毒品种，播种前进行种薯催芽处理，催大芽、壮芽，适时早播，尽量缩短与棉花的共生期。棉花品种应选用抗虫棉。

（二）施肥整地

按春马铃薯栽培中的方法施肥整地，并起垄种植。马铃薯与棉花的间套模式一般采用双垄马铃薯与双行棉花间套。总幅宽为 170 厘米，内种两行棉花和两垄马铃薯。马铃薯的行株距为 65 厘米×20 厘米，棉花的行株距为 55 厘米×20 厘米，棉花与马铃薯的行距为 25 厘米。这种模式有利于田间管理，在棉花苗期不需要浇水时，可在马铃薯垄间浇水，在棉花行间进行中耕。这样可以解决在共生期内马铃薯与棉花需水量不一致的矛盾，马铃薯结薯需水多，而棉花在苗期需勤中耕、少浇水，以提高地温。

（三）播种

马铃薯播种期均在 3 月上中旬，按株行距播种，薯芽向上，覆土 5~7 厘米，镇压后覆盖地膜。棉花于 4 月下旬按株行距播种。地膜覆盖的可用马铃薯垄上揭下的膜反扣在棉花垄上，实现一膜两用。

（四）田间管理

马铃薯幼苗出齐顶膜时揭膜，并进行第 1 次培土，封垄前培第 2 次土，每次培土 3~5 厘米，要及时摘除花蕾，现蕾时薯块开始膨大，浇水宜早不宜晚，视秧苗情况追肥，秧苗徒长可喷多效唑或矮壮素溶液。

（五）收获

马铃薯生育期短，地膜覆盖栽培于 3 月上旬播种，6 月上中旬收获。

第五章　甘薯绿色高产高效种植技术

第一节　甘薯生长环境条件及特点

一、甘薯的生长环境条件

（一）温度

甘薯比水稻、玉米等种子作物对温度要求要高 5~10℃。气温达到 15℃以上时才能开始生长，18℃以上可以正常生长，在 18~32℃范围内，温度越高，发根生长的速度也越快，超过 35℃的高温对生长不利。块根形成与肥大所需要的温度是 20~30℃，其中以 22~24℃最适宜。低温对甘薯生长危害严重，长时期在 10℃以下时，茎叶会自然枯死，一经霜冻很快死亡。薯块在低于 9℃的条件下持续 10 天以上，会受冷害发生生理腐烂。

（二）土壤

土壤的土层和土质直接影响着薯块的外形、皮色和薯肉的品质与颜色。表层深厚疏松、排水良好的土壤中生产的薯块，外皮光滑、直条、色泽鲜艳，干物质含量高，产量高，食用口感好，加工价值高。甘薯对土壤的适应性很强，几乎所有土壤它都能生长，耐酸碱性强，土壤 pH 在 4.2~8.3 范围内都能够适应。

（三）光照

甘薯是喜温喜光、不耐阴的作物，还是短日照作物。每天日照时数降至 8~10 小时范围内时，能诱导甘薯开花结实。但为促进营养生长，增加无性器官产量，就需要较长时间的光照，以每天 13 小时左右较好。

（四）水分

甘薯枝繁叶茂，遮满地面，根系发达，生长迅速，体内水分蒸腾量很大。不同生长阶段的耗水量也不同，发根缓苗期和分枝结薯期植株尚未长大，耗水不多，两个时期各占总耗水量的 10%~15%；茎叶盛长期需水量猛增，约占总耗水量的 40%；薯块迅速膨大期占 35%。具体到各生长期的土壤相对含水量，生长前期和后期以保持在 60%~70% 为宜；中期是茎叶生长盛期，同时也是薯块膨大期，需水量明显增多，土壤相对含水量以保持在 70%~80% 为好。若土壤水分过多，会使氧气供应困难，影响块根肥大，薯块里水分增多，干物质含量降低。

二、甘薯的生长发育特点

（一）发根分枝结薯期

从栽植到有效薯数基本稳定，是生长前期。此期以根系生长为中心，栽植后 2~5 天开始发根，一般春薯栽后 30 天，夏秋薯栽后 20 天，根系生长基本完成，根数已占全期根数的 70%~90%。期末须根长度可达 30~50 厘米。通常在栽后 10~20 天吸收根开始分化为块根。壮苗早发的根，其块根形成并开始明显膨大则在 20~40 天，栽后 20~30 天，地上茎叶生长缓慢，叶数占最高绿叶数的 10%~20%，叶色较绿而厚；此后茎叶生长转快，腋芽抽出形成分枝，到本期末分枝达全生长期分枝的 80%~90%。此期干物质主要分配到茎叶，占全干物重的 50% 以上。期末地下部粗幼根开始积累光合产物形成块根，到期末结薯数基本稳定，薯重占最高薯重的 10%~15%。

（二）蔓、薯并长期

从茎叶数基本稳定到茎叶生长高峰，是生长的中期。此期生长中心是茎叶生长达到高峰，全期鲜重的60%或以上都是在本期形成的。分枝增长很快，有些分枝蔓长超过主蔓，叶片数和蔓同时增长，栽后90天前后功能叶片数达到最大值，黄叶数逐步增加，其后与新生绿叶生死交替，枯死分枝也随之出现，黄落叶最多时几乎相当于功能叶片的数量。栽后60~90天，块根养分积累和茎叶生长并进，块根迅速膨大加粗，所积累的干物质占全薯重的40%~45%。

（三）薯块盛长期

从茎叶生长高峰直到收获，是生长的后期。此时生长中心以薯块盛长为主。此期茎叶生长渐慢，继而停止生长，田间常见到叶色褪淡的"落黄"现象。叶面积指数由4下降到3左右，并在一定时间内保持在2以上，茎叶光合产物大量地向块根运转，枯枝落叶多，茎叶鲜重明显下降。此期块根重量增长快，干率不断提高，直至达到该品种的最高峰，积累的干物质为总干物重的70%~80%。

第二节　甘薯种植关键技术

一、育苗技术

（一）选用良种

良种是甘薯高产优质的基础，生产上十分重视选用良种。品种的选择应根据当地的气候生态条件、栽培管理水平和生产用途等进行。各地应在试验示范的基础上选择最适合于当地的良种。

（二）育苗方法

甘薯育苗的方法较多，下面介绍几种主要的育苗方法。

1. 露地育苗法

露地育苗又称为冷床育苗。其优点是方法简单，不需要燃料和酿热物，投工少、成本低，育出的薯苗健壮。缺点是用种量大，苗床面积大，产苗迟。其操作过程如下：

（1）苗床准备。苗床应选择地势稍高、背风向阳、土层深厚肥沃且管理方便的地块。下种前深翻细整，施足底肥，按1.5米宽作厢。

（2）种薯选择及处理。选择具有本品种特征、薯皮有光泽、大小适中的健康种薯，严格剔除带病的、皮色异常的、受过冻害的以及破损的薯块。然后用50~54℃的温水浸种10~12分钟，或用25%的多菌灵500倍液浸种1分钟，以对种薯进行消毒。

（3）殡种。一般在当地日平均气温稳定在12℃以上时进行。殡种时，在厢面上以35厘米左右见方开窝，窝内施入适量清粪水，每窝斜放150~200克的种薯两个，或250克以上的种薯一个；然后盖上细土或灰渣肥；最后将整个厢面盖平或略呈瓦背形。

2. 地膜覆盖育苗法

地膜覆盖育苗的主要热源是太阳能，由于农用地膜具有透光不透水气的特性，可以提高土壤温度和保持土壤湿度，甘薯提早播种，促进生长，多产薯苗，效果显著，成本也低。此法适用于海拔600米以下的浅丘和平原地区，是当前大力推广的一种甘薯育苗方式。其操作方法是在露地苗床的基础上加盖一层地膜（不设支架）。在管理上应注意随时检查地膜是否盖严，出苗后，及时破膜引苗。

3. 酿热温床加盖薄膜育苗法

该法以作物秸秆、落叶、青草、牛粪、马粪等经微生物分解产生的热量作为发热源。其优点是床温受自然天气影响小，保温

效果好，能就地取材，做法较简单，比较省工，成本较低，可做
到苗早、苗多、苗壮。缺点是床温不能人为调控，同时持续时间
也不长。该法适用于早春较寒冷且海拔高于 500 米的地区。其主
要做法是：选择背风向阳、地势高、土质黏沙适中、管理方便的
地方作苗床。苗床长 6 米左右，宽约 1.33 米，东西床向。苗床
的四周建墙，北墙高 0.5 米左右，南墙高约 0.15 米，东西墙随
南北墙的高度差做成斜面式，其基部各留一个通风孔。床底低于
地面约 33 厘米，做成中间高、四周低，以便使四周的酿热物加
厚，床温均匀。酿热物的填放厚度一般为 25～35 厘米，填酿热
物后应浇适量的水，再在其上铺一层 5～7 厘米厚的细土。种薯
的选择与处理以及殡种如前所述。最后在床面上用竹条起拱，覆
上薄膜。

4. 催芽移栽两段育苗法

将整个育苗过程分为两段：第 1 段进行增温催芽，以达到早
出苗、多出苗的目的，可采用酿热温床或地膜覆盖式高温窖催
芽；第 2 段为露地繁苗阶段，以培育壮苗和多产苗，方法同露地
育苗。两段育苗法结合了温床育苗和露地育苗的长处，具有苗
早、苗多、苗壮的优点。

二、整地栽种

（一）整地技术

甘薯的主要产品器官——薯块生长在地下，因此要求土层深
厚、疏松肥沃、结构良好的土壤条件，在栽培前应精细整地，为
甘薯的生长发育创造适宜的土壤环境。

1. 深耕深翻

合理深耕深翻要掌握以下几点：

（1）耕翻深度。甘薯大部分在 7～27 厘米深的土层里结薯，

根系约有80%以上分布在0~30厘米的土层中。因此，耕翻深度以25厘米左右为宜，一般不超过30厘米。耕翻的深浅还与土壤条件、施肥量以及季节等有关系。一般表层黏土层厚、犁底层紧实者应深耕些；飞砂土与河边砂土不宜深耕；上砂下黏的土壤要适当深耕；表层是壤土下面是砂土者不宜深耕；施肥少应浅耕，施肥多可稍耕深些；秋耕宜深，春耕不能太深。

（2）耕翻时期。秋冬进行深耕深翻较适宜。在没有条件进行秋冬耕翻时，也应于早春进行，使土壤有较长时间的熟化过程，农民常称之为"炕土"，这样做还有利于保墒防旱。耕翻时应尽量选择在土壤适耕时期进行，因为此时不仅省工省力，而且容易使土块松散，保证耕翻质量。

2. 整地垄作

深耕深翻以后，要进行精细整地，反复地进行犁和耙，以便打碎大土块，还要剔除石块、杂草及前茬作物的残茐，然后开沟作垄。垄作是甘薯生产中普遍采用的栽培方式。除土壤砂性太大或陡坡山地可平作外，一般土地都宜垄作栽培。

垄作时应考虑垄的高低、宽窄和方向等。一般保水力较强的黏质土、排水较难的平地和洼地应作高垄，但垄面不宜过宽；保水力差的砂土和瘦瘠的坡地及山地应适当增加垄的宽度而限制其高度。至于垄作的方向，应考虑耕作方便和有利于排水、灌溉等方面的要求。垄的方向一般认为南北向优于东西向。坡地还要注意等高横坡起垄，以防止水土流失。

垄作中常见的有小垄单行和大垄双行等方式。这些方式各有优缺点，必须因地制宜。

（1）大垄双行。所谓大垄，一般是指垄距1米左右（包括垄沟）的垄。随着垄距的加大，应强调相应加大垄的高度，要求达到高0.33~0.40米，垄上错窝栽插两行。在易涝地或多雨年份，增产效果比小垄单行好。在密度较高、多肥情况下，由于通风透光较好，甘薯茎叶不易徒长。因此，在生长期长、灌水次数多的情况下，以采用大垄双行密植为好。在麦/玉/薯种植方式中，就是在小麦带作一个大垄，俗称"独垄"。

（2）小垄单行。适用于地势高、水肥条件较差的薯地。一般垄距 0.67~0.87 米（包括垄沟），高 0.20~0.27 米，每垄插苗一行。在麦/玉/薯种植方式中，从麦带中间分开，向两边玉米带起垄，则形成小垄。

在麦/玉/薯种植方式中，还有与玉米带垂直横向作"节节垄"的，垄的长度即为小麦带的宽度，形成垄沟相间种植。

（二）科学施用底肥

甘薯生长期长，需肥多，应着重施底肥，以有机质肥为主，有机、无机相结合，氮、磷、钾配方施用。堆肥、厩肥、饼肥、土杂肥、畜粪水、草木灰等这些肥料多数含有氮、磷、钾及甘薯生长所需要的多种营养元素，肥效稳，持续时间长，用作底肥，不但有益于甘薯生长，也有利于土壤结构的改良。

底肥用量一般可达到总用肥量的 70%~80%。试验表明，在现有生产条件下，每公顷施用厩肥或堆肥 15 000~37 500 千克作底肥，比不增施肥料的要增产 20%~30%，尤其是山坡瘦薄地施用后，增产幅度更大。

在施肥方法上，底肥应集中、分层施入，做到浅施速效肥，深施迟效肥。在肥料不多的情况下，集中施肥是最经济有效的方法。四川农民给甘薯施"包厢肥"是有一定的科学道理的，做法是在甘薯做厢时把搭配好的肥料集中撒施在厢坯内，做厢碎土时混匀，再培土包于厢内，这样正好把肥料施到甘薯根系分布最多的范围内，肥效高，流失少，有利于根的吸收与藤叶生长，也有助于块根的长粗长大。套种在玉米地的甘薯，施用底肥比较困难，除力争包厢施外，也可在厢面开沟条施或开窝深施。

（三）适时栽插与合理密植

1. 适时栽插

（1）栽插期。栽插期受多种因素的制约，如气候、地势、土质、薯苗、前作物、劳力、畜力等，应排除不利因素，创造条件，及时整地，力争早栽。春薯的栽插期主要视气温而定，一般当地气温稳定在18℃以上时便可栽插，若栽插过早，气温过低对薯苗发根还苗不利。但对于地膜覆盖栽培的，当土温稳定在16℃以上时就可栽插。夏、秋薯栽插时，气温不再是限制因素，为了早栽，前作收后应抢时栽插，如四川的夏薯最好保证在芒种前栽完。

（2）选苗。壮苗增产是公认的事实。但是在大田生产中，栽插薯苗的部位不同，植株的生长状况就有差别。蔓尖苗一般长20厘米以上，它处于茎的顶端一段，组织幼嫩充实，生命力强，叶多色绿，浆汁足，节上根原基数多且发育粗壮，有生长优势，栽后复活快、死苗少，生长整齐，结薯早，块根大，产量高。中段苗即剪去茎尖一段后的苗，一般5个节，这段苗节间较稀，叶片少而大，组织老健，内部养分较充足，栽后发根长苗稍缓慢，生产力比蔓尖苗低10%左右。基部苗即距地面5厘米以上的一段，组织较老化，根原基较少，养分不足，少数叶发黄脱落，且容易携带或传播黑斑病，栽后复活慢，遇干旱容易死苗，造成缺株，根系发育差，结薯少，生产力又次于中段苗。因此，以选择健壮的蔓尖苗最好，既可高剪苗防黑斑病，又能确保增产；少用中段苗，最好不用基部苗，让其留在苗床内，加强管理，促其多发分枝快长苗，供下批栽插利用。

（3）栽插方法。常用的栽插方法有以下几种。

①平插法。其特点是薯苗较长，一般薯苗长20~30厘米，

入土各节平栽在垄面下 3.33 厘米深的浅土层中，各节大都能结薯，薯数较多且分布均匀。但其抗旱性差，如遇高温、干旱、土壤瘠薄等不良环境条件，则容易出现缺株或小株，并因结薯多而得不到充足的营养，导致产量不高。

②斜插法。其特点是薯苗入土节位的分布位置不浅不深，上层节位结薯较大，下层节位结薯较小，甚至不结薯。此法适用于较干旱地区，栽插较易，如适当增加单位面积株数，可使单位面积内薯重增加，从而获得较高产量。

③直栽法。其特点是苗短，直插土中较深，一般入土 2～4 节，只有少数节位分布在适于结薯的表土层中，一般单株结薯少，但膨大快，大薯率高。此法适用于山坡干旱瘠薄地，也适用于生长期短的夏、秋薯栽培。如适当增加密度，可以弥补单株结薯少的缺点，从而提高产量。

2. 合理密植

甘薯适宜的栽植密度与品种、土壤、地势、肥水条件、生长期、栽插期以及用途等关系密切。一般来说，疏散型品种宜密，重叠型品种宜稀；早熟品种宜密，迟熟品种略稀；耐肥性弱的品种宜密，耐肥性强的品种宜稀；地势较高的瘠薄砂土宜密，地势低的肥地与较黏重的土略稀；肥水条件差的宜密，肥水条件好的宜稀；生长期较短的夏薯宜密，生长期较长的春薯宜稀；迟栽的宜密，早栽的宜稀；要求藤叶产量高作饲料和蔬菜用的宜密，要求薯块产量高作食用或加工用的宜稀。

在合理密植株数范围内，密植方式无论净作还是间作、套作，凡垄距 1.0 米以上的独垄大厢，实行双行或三行错窝栽插；垄距 80～90 厘米的独垄中厢，栽单行缩短株距，栽双行适当放宽株距；垄距 60 厘米左右的小厢，栽单行。

三、田间管理

（一）生育前期的管理技术

甘薯从栽插到茎叶封行（厢）、地下部有效薯数基本稳定为生长前期，春薯约为 50 天，夏薯约为 35 天。这一时期生长的基本特点是建立根系、生长茎叶、分化形成块根，是决定薯数的阶段。田间管理的目标是早全苗、早发苗、早结薯、多结薯。田间管理的措施如下。

（1）查苗补苗。及时查苗补苗，以确保全苗和均匀生长，在栽插后一周左右完成。补苗时要选用壮苗补栽和浇足水护苗。成活后多施速效肥，促使后补苗生长，迅速赶上早栽苗。

（2）追肥。甘薯生育前期可根据苗情追施促苗肥和壮株肥。追施促苗肥宜早，一般在栽后 7~15 天进行，以促进发根和幼苗早发，每公顷施尿素 45~75 千克或清粪水 15 000~22 500 千克。在基、苗肥不足或土壤肥力低的薯地，可在分枝结薯阶段（栽后 30 天左右）追施壮株肥，每公顷施尿素 75~90 千克，以促进分枝与结薯。

（3）灌溉与排水。薯苗栽插后，遇晴天应浇水护苗，连续浇水 2~3 天，以促进薯苗发根成活。分枝结薯期遇旱灌浅水，有利于分枝结薯。

（4）中耕、除草和培土。甘薯中耕时间在还苗后至封垄前，一般进行 2~3 次。第 1 次中耕较深（约 7 厘米），但在藤头附近宜浅，以免伤根。其后每隔 10~15 天进行第 2、3 次中耕，深度渐浅，藤头附近只需刮破表土，垄脚则深。除草结合中耕进行，但也可采取化学除草。甘薯地培土是在甘薯生长期间，将下塌的垄土重新壅上，使块根有良好的生长环境。培土不仅能防止露根露薯，减少虫鼠危害，而且能防旱防涝。培土结合中耕除草进

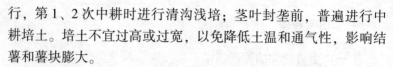

行，第 1、2 次中耕时进行清沟浅培；茎叶封垄前，普遍进行中耕培土。培土不宜过高或过宽，以免降低土温和通气性，影响结薯和薯块膨大。

（二）生育中期的管理技术

从茎叶封厢到生长高峰为甘薯的生长中心，春薯在栽后 50~90 天，夏、秋薯在栽后 35~70 天。这一时期生长的基本特点是茎叶旺盛生长，块根膨大加快，茎叶生长不足或过旺均不利于块根的膨大。田间管理的目标是稳长茎叶，促使块根持续膨大。具体措施如下。

（1）追肥。甘薯生育中期应追施促薯肥，以促使薯块持续膨大增重。在茎蔓伸长后至封垄前，于垄侧破土晒白 1~2 天后，将肥料（有机肥为主，化肥为辅）施入垄的两侧，然后培土恢复原垄，俗称"夹边肥"，钾、氮化肥也可溶于粪水中从土壤裂缝浇灌施入。此次追肥对加快茎叶生长进入高峰期和防止后期脱肥早衰都有明显作用。

（2）灌溉与排水。甘薯茎叶盛长阶段需水量大，应注意抓好防旱抗旱工作。暴雨过后要及时清沟排水，避免渍水影响长薯。

（3）翻蔓和提蔓。我国多数薯区过去常有翻蔓的习惯，一般认为翻蔓可防止蔓上生根结小薯消耗养分，有利于藤头下薯块膨大和提高产量。但大量试验和调查证明，甘薯生长期翻蔓会降低产量，且减产程度随翻蔓次数增多而加重。翻蔓减产的原因主要是由于翻蔓损伤茎叶，打乱植株叶片的正常分布，削弱光合效能；翻蔓使茎叶损伤后，刺激腋芽萌发和新枝新叶生长，影响植株养分的正常分配；翻蔓还会折断蔓上不定根，降低养分吸收和抗旱能力。因此，生产上除因便于田间管理，如中耕、施肥等必须翻蔓外，一般不需翻蔓。提蔓，即将薯蔓自地面提起，拉断蔓上不定根后仍放回原处。试验表明，提蔓与不提蔓的产量差异不大，且提蔓比较费工，通常也不必进行。

（三）生育后期的管理技术

从茎叶生长高峰到收获为甘薯的生育后期，其生育特点是茎叶开始停止生长并逐渐衰老，块根迅速膨大。田间管理的目标一是保护茎叶，既防止其早衰，又防止其贪青；二是促进块根膨大。具体措施如下。

（1）追肥。甘薯生长后期，为了防止茎叶早衰，延长叶片寿命，保持适当的绿叶面积，提高叶片的光合效能，促使茎叶养分向块根运转，加快块根的膨大，应适当追肥。但如果开沟追肥或挖窝追肥都易损伤薯根，因而应根外追肥，即在生长后期薯块迅速膨大阶段，垄顶出现裂缝时，每公顷用尿素75～120千克兑水或清粪水15 000千克沿裂缝浇施（俗称裂缝肥）。对前、中期施肥不足，长势差的薯苗，裂缝肥有显著的增产效果。

（2）提蔓。若生长后期甘薯茎叶生长过旺，则应采取提蔓的方法以改善其株间通风透光状况，降低土壤湿度，增加昼夜温差，以利于块根膨大。提蔓时应做到轻提轻放，不伤茎叶，不翻压叶片，茎叶不重叠堆放。

（3）灌溉与排水。甘薯生长后期需水较少，若田间常有渍水，不及时排除会使土壤内空气含量减少，薯块生活力减弱，易引起细胞死亡或感染软腐病，以致腐烂。因此，后期要注意清沟排除渍水，以免影响薯块生长。若遇干旱年份，则应注意适当灌水，因为在生长后期薯块处于迅速膨大阶段，遇旱灌水增产显著。薯地灌水深度以垄高1/3为宜，收获前15天应停止灌水。

四、收获与贮藏

（一）适期收获

甘薯没有明显的成熟期，只要气候条件适宜，就能继续生长。在满足甘薯生长的条件下，生长期越长，营养物质积累越多，产量也相应提高。应根据作物布局、耕作制度、初霜的早晚、气候变化等几方面综合考虑来确定最佳收获期，一般应在当地平均气温降到15℃左右时收获开始至12℃时收获结束为最佳收获期。在此范围内，根据当地的具体情况适当安排收获次序。

留种用薯可在霜降前5~7天收获入窖，以便安全贮藏。因此，应根据甘薯不同用途确定适宜的收获次序及收获期，从产量、留种、加工贮藏等各方面综合考虑，以达到丰产、稳产的目的。

收获甘薯时应做到"四轻一保留"，即轻刨、轻装、轻运、轻放，保留薯蒂。尽可能减少伤口，减轻窖藏期间病害的发生，以避免病害侵染。收刨甘薯时要注意天气变化，应在霜冻前收获，以免薯块受冻，要防雨淋，阴天不能收获甘薯。要做到当天收，当天运，当天入窖，不能在地里过夜。收获期是防治甘薯黑斑病的最主要时期，要对种薯和食用鲜薯进行防病处理，以保证甘薯的安全贮藏。

（二）贮藏

1. 入窖前的准备

薯种入窖前，对旧窖要进行消毒和清扫。崖头窖和井窖要刮土见新，清扫干净。对于发券大窖和大屋窖，采用石灰涂刷窖壁或点燃硫磺熏蒸（每立方米用硫磺20克），同时用氧乐果、辛硫磷等喷洒，消灭进窖害虫。窖底填10厘米厚的干净沙土，洞四周用麦糠或谷草围好，以防湿保温。甘薯入窖前，用代森铵等药剂处理，可以起到杀菌、保鲜、防止腐烂的作用。具体处理方法是用50%代森铵200~300倍液，或50%甲基硫菌灵500~1 000倍液，或25%多菌灵500~1 000倍液浸种10分钟，待稍晾干后即可入窖。用上述药剂浸种后，必须在处理后 1 个月以上才能食用。薯种入窖时，轻拿轻放，分批堆放，防止薯堆倒塌。贮藏量一般占窖空间的 2/3，在薯堆中间放入通气笼（可用条子编成）或草把，以利于通气。

2. 贮藏期的管理技术

（1）贮藏前期（甘薯入窖后 20～30 天）。储藏初期应以通风降温散湿为主，使窖温不超过 15℃，相对湿度保持在 90%左右。具体管理措施是甘薯入窖后，打开所有的门窗及通气口，进行通风降温，如果白天气温比窖温高，可采取昼闭、夜开的办法，排湿降温。以后随着温度的逐渐下降，窖门可日开夜闭，待窖温稳定在 14～15℃ 时，可进行封窖，为甘薯的越冬贮藏做好准备工作。

（2）贮藏中期（前期过后到立春前）。这一阶段经历时间最长，且处于一年中最冷的季节，应以保温防寒为中心，采取措施使窖温不得低于 10℃，保持在 12～14℃，这时要封闭所有的门窗及气眼，窖外注意培土保温。根据气温下降情况，在窖外分期加厚土层，也可采用一层草加一层土的方法，提高保温能力。

（3）贮藏后期（从立春到出窖）。此期的管理重点以稳定窖温为主，根据天气情况，适当通风换气，但又要注意保温防寒。如果窖温偏高，湿度过大，可揭去薯堆上的盖草，在晴天中午开启窖门或打开气眼排湿降温，但到下午温度下降时，即可关闭门窗及气眼，使窖温始终保持在 11～13℃。在贮藏后期，薯窖的管理重点是保持其适宜的温度，在窖内选有代表性的地方做测温点，用温度计进行上、中、下 3 层测温，特别是低温区要多测温，以保证薯块的安全越冬。

第三节　甘薯绿色高产高效种植技术模式

一、甘薯地膜覆盖生产技术

（一）覆膜甘薯的适宜范围

甘薯地膜覆盖主要适宜于我国北方的浅山丘陵半干旱地区。覆膜，能有效提高地温，增加积温，提高土壤抗旱保墒能力，增产效果非常显著。但在高寒山区，特别是海拔 1 000 米以上的地区、低洼易涝地区、重盐碱地等不宜覆膜。

（二）选膜与覆膜

1. 选膜

单垄覆盖一般采用厚度为 0.006～0.008 毫米、宽度为 80 厘米的聚乙烯地膜；双垄覆盖采用厚度为 0.006～0.008 毫米、宽度为 110 厘米的聚乙烯地膜。

2. 覆膜

甘薯覆膜栽培只有掌握好"一增、三早、四盖四不盖"，才能实现高产。

（1）"一增"，即增加密度。地膜甘薯宜密不宜稀，一般甘薯密度保证在每亩 3 500 株以上。

（2）"三早"，即早育苗，采用火炕育苗以保证在 4 月上旬薯苗出床；早起垄，在 3 月上旬及时起垄，保证膜能盖严地垄；早栽插，栽插日期应比露地提前，宜在 4 月上中旬栽插。

（3）"四盖四不盖"，即盖严不盖露，盖膜时以盖严薯垄为准，盖膜后，在垄两边用细土压严地膜，每隔 6 米压 1 条土带以防鼓膜；盖优不盖劣，地膜甘薯应选择增产潜力大的优良薯种，如豫薯 8 号、78066、南薯 88 等；盖壮不盖弱，地膜田要选用壮苗，忌用弱苗，以利于栽全苗；盖湿不盖干，盖膜虽然保墒，但土壤必须足墒。

（三）覆膜甘薯的田间管理

1. 提蔓、打顶

提蔓可防止不定根扎透地膜而破坏地膜封闭的小环境，还可控制甘薯茎叶徒长，促使块根膨大。提蔓时不要损伤茎叶和倒翻薯蔓。打顶可调节养分的运转，控制茎蔓生长，有利于养分向块根输送。盖膜甘薯的茎蔓长到 30 厘米左右时，开始打顶；分枝伸长到 30 厘米时再继续打顶。打顶时间宜选在晴天中午。

2. 追肥

若基肥不足，则土壤肥力低，覆膜甘薯在生长中期将出现脱肥症状，应及早追肥。追肥时可用 1%~2% 的尿素或 0.1%~0.3% 的磷酸二氢钾水溶液喷洒叶片。封垄后，对叶色变黄的早衰田块，隔 15 天喷 1 次尿素或过磷酸钙。在甘薯膨大期，每亩追人粪尿 500 千克，在膜上打孔施入。

3. 喷矮壮素和甲哌鎓

覆膜甘薯茎叶生长旺盛，封垄后，在雨后叶面喷洒（800~1 000）×10^{-6}浓度的矮壮素稀释液，约 10 天后再喷洒 1 次，喷 2~3 次即可。每次每亩喷甲哌鎓药液 75 千克，以控制茎叶旺长。

二、鲜食型甘薯水肥一体化轻简高效生产技术

（一）选用脱毒原种薯（苗）

选用食味好、薯形美、耐逆性强、市场认可、宜机化优质鲜食型脱毒原种薯（苗）进行大田生产。

（二）田间整地

每年 11—12 月进行深耕，4 月进行耙田整地，建议整地前每亩施腐熟农家肥 1 500~2 000 千克、腐植酸型复合肥（N-P_2O_5-K_2O=16-9-21，腐植酸≥3%）15~20 千克。

（三）起垄、覆膜和铺设滴灌带

春薯栽插前 1 周左右，夏薯栽插前 2~3 天，进行起垄、覆膜和铺设滴灌带一体化作业。起垄规格：垄形高胖，垄面平整、垄土踏实，无大泥土块和硬心。大垄双行，垄距 110~130 厘米，垄高 30~35 厘米；单垄单行，垄距 80~90 厘米，垄高 30~35 厘米。覆膜规格：膜厚度为 0.01 毫米，大垄双行，地膜宽度 120~140 厘米；单垄单行，地膜宽度 90~100 厘米。滴灌带铺设规格：滴灌带平放垄面，出水孔一侧铺设在垄中间。滴灌带规格：直径 16 毫米、壁厚 0.3 毫米，滴水间距 14~16 厘米，滴水量每小时 1.5~2.0 升。

（四）滴灌设备安装

根据取水方式和灌溉面积选择适宜的水泵规格。过滤器采用叠片式，大小与输水管配套。施肥器选用比例式注肥泵或文丘里施肥器。主输水管为直径 80~90 毫米的软管，二级输水管为直径 60~70 毫米的软管。垄长≤50 米时，滴灌系统从垄一端进入，采用三通接口；垄长≥50 米时，滴灌系统应从垄中间位置进入，采用四通接口。

（五）田间栽插

采用破膜栽插的方式，以斜插和平栽为主。春薯栽插时间为 5 月上中旬，夏薯栽插时间为 6 月中旬。春薯栽插密度为每亩 3 500~3 800 株，夏薯栽插密度为每亩 4 000~4 500 株。选用高剪苗，栽插前用多菌灵 500 倍液浸泡种苗基部 10~15 分钟。

（六）田间滴水

栽插后，根据土壤墒情，进行田间滴水。土壤相对含水量 ≥60%，每亩滴水 5~10 米³；40%<土壤相对含水量<60%，每亩滴水 10~15 米³；土壤相对含水量 ≤40%，每亩滴水 15~20 米³。

（七）田间肥水管理

在施肥桶内将肥料充分搅拌，根据土壤肥力和墒情，一般先滴水 0.5~1 小时，再滴肥，待肥料全部滴入后，再滴水 0.5~1 小时。第 1 次肥水滴入时间为栽后 15~20 天，土壤速效氮含量≥80毫克/千克，建议每亩滴肥量为 10 千克腐植酸水溶肥（$N-P_2O_5-K_2O = 10-10-30$，腐植酸≥3%）；土壤速效氮含量<80 毫克/千克，建议每亩滴肥量为 10 千克腐植酸水溶肥（$N+P_2O_5+K_2O = 16+6+36$，腐植酸≥3%）；第 2 次和第 3 次肥水滴入时间分别为栽后 40~50 天和 60~70 天，建议每亩滴肥量均为 10 千克腐植酸水溶肥（$N+P_2O_5+K_2O = 10+10+30$，腐植酸≥3%）。栽插 70 天以后，根据田间降雨情况，进行田间滴水，若持续无降雨，应在栽插后 80~120 天，进行 1~2 次田间滴水。

（八）化学除草与控旺

禾本科杂草选用低毒、残留少、内吸传导型芽前除草剂。特别注意前茬作物（如玉米）除草剂使用情况。栽后 50~70 天，每亩用 5%的烯效唑可湿性粉剂 30~50 克兑水 30 千克，进行叶面喷施，每隔 5~7 天喷洒 1 次，连续喷 3~4 次。

（九）病虫害防控

栽插期滴水后，每亩随水滴入 1.8%阿维菌素 150~200 克；栽插后 30~90 天，视田间地下害虫危害情况，每亩用 400~500 毫升辛硫磷乳油随水滴入，施用方式为先滴水，再滴药，滴药

1~2次；栽后90天至收获期，田间不再施用农药。

（十）低损机械收获

在10月中上旬至霜降前完成收获。收获前，将滴灌带及主管道收好放好，利用低损耗收获机具进行机械碎蔓和收获，收获后，将地膜捡拾干净。

第六章 大豆绿色高产高效种植技术

第一节 大豆生长环境条件及特点

一、大豆的生长环境条件

（一）温度

大豆是喜温作物，一般≥15℃积温1 500℃以上，持续期超过60天，无霜期超过100天地区，均可种植大豆。不同品种的生育期对积温有不同的要求。大豆发芽最低温度为6℃，出苗最低温度为8~10℃，种子所处土壤温度低于8℃，则不能出苗。幼苗在-4℃低温下则受冻害；大豆播种后最适宜的发芽温度是20~22℃，最低为10~12℃；大豆生长发育最适宜的温度为日平均21~25℃，低于20℃生长缓慢，低于14℃生长停止。

（二）光照

大豆是短日照作物，对光照长度反应敏感。日照范围在8~9小时，光照越短，越能促进花芽分化，提早开花成熟；相反，在长日条件下，则会延迟开花和成熟，甚至不能开花结实。一般来说，大豆在苗期通过5~12天的短光照，就能满足它对短光照的要求。大豆生长发育要求有充足的阳光，如果阳光不足，植株郁蔽，则节间伸长，易徒长倒伏，落花落荚严重，致使单株结荚率低。合理调整群体结构，进行适当密植，改善通风透光条件，对

提高大豆产量有重要意义。

（三）水分

大豆是需水较多的作物，总耗水量比其他作物多。大豆发芽时，需要从土壤中吸收种子重量 110%~140% 的水分，才能正常发芽出苗。苗期耗水量占全生育期的 12%~15%，分枝到鼓粒占 60%~70%，成熟阶段占 15%~25%。因此，大豆幼苗期较耐干旱，土壤水分略少些可促进大豆根系深扎，对大豆后期生长有利，若水分过多，易长成高脚苗，不利于培育壮苗，故苗期要注意防涝，遇干旱时只宜浇少量水。分枝到开花结荚期是大豆一生中需水最多的时期，若水分不足，会造成大量花荚脱落，影响产量。鼓粒期是需水较多、对缺水十分敏感的时期，若干旱缺水，则秕荚、秕粒增多，百粒重下降。大豆成熟期要求较小的空气湿度和较少的土壤水分，以利豆荚脱水成熟。

（四）土壤

大豆对土壤条件的要求并不十分严格，凡是排水良好、土层深厚、肥沃的土壤，大豆都能生长良好。栽培大豆的土壤 pH 以 6.8~7.5 为最适，高于 9.6 或低于 3.9 对大豆生长发育都极为不利。微碱性的土壤可促进土壤中根瘤菌的活动和繁殖，对大豆的生长发育很有利。

二、大豆的生长发育特点

（一）萌发与出苗

具有生活力的大豆种子，当吸收了达本身种子重量 1.1~1.4 倍的水分，气温在 10~12℃，并有充足的氧气时，胚根便穿过珠孔而出，称为"发芽"。种子发芽后，由于胚轴的伸长，两片子叶突破种皮，包着幼芽露出土面，称为"出苗"。在适宜的条件下，一般 4~5 天。大豆的子叶较大，出苗时，顶土困难，因而播种不宜太深。子叶出土后，由黄色变为绿色，开始进行光合作用。

（二）幼苗生长与分枝

从出苗到分枝出现，称为幼苗期，一般品种需 20~30 天，约占全生育期的 1/5。子叶展开后，经 3~4 天两片单叶出现，形成第 1 个节间，这时称为单叶期，以后第 1 片复叶出现，并出现第 2 个节间，称为 3 叶期。大豆幼苗 1、2 节间长短是一个重要形态指标，夏大豆第 1、2 节间长度不应超过 5 厘米，否则苗子纤弱，发育不良。

当第 1 个复叶长出后，叶腋的腋芽开始分化为分枝或花蕾，若条件适宜，下部腋芽多长成分枝，上部腋芽发育为花芽。从第 1 个腋芽形成分枝到第 1 朵花出现，称为分枝期。大豆进入分枝期后，开始进行花芽分化，此时根、茎、叶生长和花芽分化并进，但仍以长根、茎、叶为主。植株生长速度加快，分枝不断出现，叶数增多，叶面积不断扩大；根系吸收能力逐渐加强，根瘤开始固氮，固氮能力逐日加强。这在栽培上是一个极为重要的时期，这一时期如果植株弱小，根系不发达，根瘤少，就很难获得高产；相反，若枝叶过度繁茂，群体过大，甚至徒长荫蔽，营养生长过旺，则会造成花芽分化少，降低产量。因此，这一时期要根据具体情况采取促控措施，以保证植株正常生长。

（三）开花结荚

1. 开花结荚过程

大豆是自花授粉作物。从开花到终花，称为开花期。从现蕾到开花，需 20 天左右，一朵花开放后经过 4~5 天即可形成幼荚。大豆植株是边开花边结荚。开花期长短与品种熟性和生长习性有关，早熟或有限生长习性品种 15~20 天，晚熟或无限生长习性品种 30~40 天或更长。

2. 结荚习性

大豆的结荚习性分为 3 种类型：①有限结荚习性。花梗长，荚密集于主茎节上及主茎、分枝的顶端，形成一个数荚聚集在一起的荚簇，全株各节结荚多且密，节间短，植株矮，茎粗不易倒伏。②无限结荚习性。花梗分生，结荚分散，每节一般 2~5 个荚，多数在植株中下部，顶端仅有一个 1~2 粒的小荚。③亚有限结荚习性。表现为中间型，偏向无限生长习性，植株高大，主茎发达，分枝较少，主茎结荚较多。开花顺序由下向上，受环境条件影响较大，同一品种在不同条件下表现不一，或表现为有限结荚习性，或表现为无限结荚习性。

（四）鼓粒成熟

大豆从开花结荚到鼓粒没有明显的界线。从幼荚形成到荚内豆粒达到最大体积时，称为鼓粒期。结荚后期，营养体停止生长，豆粒成为养分积累中心，各叶片养分供应本叶叶腋豆粒，鼓粒期每粒种子日平均增重 6~7 毫克；开花后 20~30 天，种子进入形成中期，干物质迅速增加，一般达 8%~9%，含水量降到 60%~70%，此期主要积累脂肪；开花后 30~40 天内，种子干重增加到最大值，此期主要积累蛋白质，当水分逐渐降到 15% 以下，种皮变硬并呈现品种固有形状色泽时，即为成熟。

大豆从开花、结荚、鼓粒到成熟所需天数，随品种特性及播种期不同而异，早熟品种一般为 50~70 天，中熟品种一般为 70~80 天，晚熟品种一般为 80 天以上。大豆开花结荚后约 40 天，种子即具有发芽能力，50 天后的种子发芽健壮整齐。成熟度与种子品质和产量有密切关系，成熟完好的种子不仅色泽好，而且百粒重和产量均高；成熟不良和过熟的种子品质和产量呈降低趋势。因此，必须根据大豆种子的成熟度适期收获。

第二节 大豆种植关键技术

一、品种选用

根据当地生态条件和市场需求，按专用品种区域化种植的原则，选用适应当地种植的高产、抗病虫、抗逆强、适应性广、熟期适宜、商品性好、优质专用的大豆品种，拒绝使用转基因大豆品种。高蛋白大豆品种蛋白含量≥45%，高油大豆品种含油量≥22%，菜用大豆含糖量≥5%，兼用品种，蛋脂总量≥63%，其中脂肪含量≥20%。品种要做到 3 年更换 1 次。

二、播种技术

(一) 整地作畦 (垄)

适时早耕地，精细整地，疏松土壤，一般耕深 25 厘米左右为宜，可根据土壤性质适当加厚土层，生长期雨水较多的地区，宜开沟开畦，做到排灌通畅。

(二) 施用基肥

1. 施用原则

大豆生育期需肥较多，每生产 100 千克大豆约需 N 8.3 千克、P_2O_5 1.6 千克、K_2O 3.7 千克。采用有机无机肥料配施体系，以基肥为基础，基肥中以有机肥为主，适当配施氮、磷、钾等化肥，提倡施用生物肥。

2. 施肥量

基肥用量占总用肥量的 70% 以上。播种前结合整地每亩施 2 000 千克左右的有机肥 (堆肥)，配施 20 千克左右的氮、磷、钾复合肥。

（三）播种

1. 种子处理

将选好的种子，于播种前遇晴晒种，晒 8~16 小时，以提高发芽率和减轻病虫害。可根据实际情况，用根瘤菌 50 毫升/亩拌种或钼酸铵拌种（以土壤化验结果为准，一般每千克种子用钼酸铵 0.5 克）。

2. 播种期

大豆播种期应依气候、品种、土质和土壤墒情等因地制宜加以确定。一般在土壤 5 厘米深处，温度稳定通过 8℃时为播种适期。春播，播种期 3—5 月；夏播，播种期 5—6 月；秋播，播种期 7 月下旬至 8 月上旬。

3. 播种方式与播量

播种方式主要有条播、点播或撒播。播种量应根据大豆种子的大小、种植方式、种植密度及发芽率高低确定，一般播种量 6 千克/亩左右。

4. 密度

由于各地的气候、土壤条件不同，栽培制度各异，管理水平和种植的品种不一，不可能统一种植同一个密度。北方春大豆的播种密度，在肥沃土地，种植分枝性强的品种，亩保苗 0.8 万~1 万株为宜。在瘠薄土地，种植分枝性弱的品种，亩保苗 1.6 万~2 万株为宜。高纬度高寒地区，种植的早熟品种，亩保苗 2 万~3 万株。在种植大豆的极北限地区，极早熟品种，亩保苗 3 万~4 万株。黄淮平原和长江流域夏大豆的播种密度，一般每亩 1.5 万~3 万株。平坦肥沃，有灌溉条件的土地，亩保苗 1.2 万~1.8 万株。肥力中等及肥力一般的地块，亩保苗 2.2 万~3 万株为宜。

三、田间管理

(一) 出苗期管理

1. 松土

大豆是双子叶植物，播种后至出苗前如遇雨，土壤易板结，影响出苗。因此，在雨后应立即松土，可用钉齿耙耙地，齿深应浅于播深。

2. 中耕

在苗高 5~6 厘米时中耕，并要细致进行，防止压苗、伤苗。中耕深度应浅，一般为 7~8 厘米。

3. 化学除草

目前应用的除草剂类型多，更新快。现介绍几种大豆除草剂如下。

(1) 氟乐灵 (48%) 乳剂。播前土壤处理剂。于播种前 5~7 天施药，施药后 2 小时内应及时混土。

(2) 嗪草酮 (70%) 可湿性粉剂。于播种后出苗前施药。每亩用药量 25~53 克。如使用 50% 可湿性粉剂，则用量为 35~70 千克。

(3) 吡氟禾草灵 (35%) 乳油。出苗后为防除一年生禾本科杂草而施用。当杂草长有 2~3 叶时喷施，每亩用药量 30~50 克；当杂草长至 4~6 叶时，每亩用药量 50~70 克。

(二) 幼苗分枝期管理

1. 查苗补种

大豆出苗后及时查苗，发现缺苗断垄的应及时补种，以确保种植密度。缺苗未及时补种的地块，应在大豆单叶到第 1 复叶期间趁阴天或晴天的下午 4 时以后，将备用苗带土移栽到秧苗处，覆土后浇水，待水渗下后及时用土封掩。

2. 及时间苗

当两片对生单叶平展时，应及时早间苗，出现复叶后定苗。夏大豆生长迅速，间、定苗要一次进行。间苗要间小留大、间弱留壮，做到合理留苗，等距匀苗，定苗按种植密度要求进行。

3. 中耕除草

大豆中耕一般 3~4 次。第 1 次中耕应在豆苗出齐后，晾晒 1~2 天进行，深度要求 10~12 厘米；第 2 遍中耕最好在第 1 次后 7~10 天进行，要求深度 8~10 厘米。封垄之前锄、趟第 3 遍，趟地深度 7~8 厘米。

4. 化学除草

除草剂喷药适期一般应在杂草 3~5 叶期，大豆 1~2 复叶期进行。目前应用的除草剂类型多，更新也快。常用的大豆除草剂的使用方法如下：氟乐灵（48%）乳剂播前土壤处理剂。于播种前 5~7 天施药，施药后 2 小时内应及时混土。土壤有机质含量在 3% 以下时，每亩用药 60~110 克；有机质含量在 3%~5%，每亩用药 110~150 克；有机质含量在 5% 以上，每亩用药 150~170 克。应注意施用过氟乐灵的地块，次年不宜种高粱、谷子，以免发生药害。

5. 苗期追肥、灌水

当幼苗生长瘦弱、叶色过浅，表现出缺肥症状时，应追施适量氮、磷肥，施肥量根据地力及幼苗长相而定，一般每亩追施硝酸铵 5.0~7.7 千克、过磷酸钙 7.3~14.7 千克。分枝期如遇土壤水分不足，应进行合理灌溉，以促进花芽分化。

（三）开花结荚期管理

1. 追施花肥

大豆开花期之初施氮肥，是国内外公认的增产措施。做法是：于大豆开花初期或在趟最后一遍地的同时，将化肥撒在大豆植株的一侧，随即中耕培土。氮肥的施用量是，每亩用尿素 2~5 千克或硫酸铵 4~10 千克，因土壤肥力和植株长势而异。

没有脱肥现象的地块可不追花荚肥，以防徒长倒伏。土壤肥力低、长势弱的地块可结合铲趟进行根际或根外追肥。根际追肥可将化肥施于植株旁 3 厘米处，随即中耕培土，盖严肥料，一般每亩施硝酸铵 5~7.7 千克。根外叶面喷洒可用 5%~10% 的氮、磷、钾混合液，或结荚初期每亩用尿素 1 千克加磷酸二氢钾 0.1 千克，兑水 50 千克叶面喷雾。

2. 及时灌溉

大豆开花结荚期气温高，日照长，叶面积大，蒸腾耗水多，此时是灌水的关键时期。灌水多采用沟灌、小畦灌，有条件可进行喷灌，生产上垄作沟灌效果好，沟灌分为逐沟灌和隔沟灌两种形式，一般采用隔沟灌效果较好，但特别干旱和地下水位低、土壤漏水的地块，采用逐沟灌为宜。平播大豆可畦灌，但需要精细平整土地打埂作畦。在搞好灌溉的同时要注意排涝。

3. 清除田间大草

大豆结荚前期，拔出中耕遗留下的大草，以利通风透光，减少土壤养分消耗，促进早熟增产。

4. 摘心

大豆在水肥条件充足，或生育后期多雨年份，容易发生徒长倒伏，尤其是无限结荚习性品种。摘心可以控制营养生长，促进养分重新分配，集中供给花荚，有利于花保荚，控制徒长，防治倒伏，促进早熟，提高产量。

摘心在盛花期或接近终花时进行，一般摘去大豆主茎顶端 2 厘米左右。有限结荚习性品种和瘠薄地不宜摘心。

5. 生长调节剂的使用

生长调节剂有的能促进生长，有的能抑制生长。应根据大豆的长势选择适当的剂型。

（四）鼓粒成熟期管理

1. 补施氮肥

大豆进入鼓粒期后，根瘤菌固氮能力逐渐衰退，加之鼓粒期需氮量大，若补施氮肥可显著增加产量。

2. 灌增重水

这阶段耗水量较少，约占总耗水量的20%。这个阶段如干旱缺水，则秕粒、秕荚较多，百粒重下降，这时灌鼓粒水，以水攻粒，能提高大豆粒重和产量。据试验，大豆在开花结荚期50天内缺水一周，减产30%～36%。因此，在这个阶段不能缺水。鼓粒后期减少土壤水分可促进成熟。

3. 拔出田间杂草

在大豆鼓粒期杂草种子未成熟前，人工拔除田间杂草，有利于大豆生育，增加荚数和粒重，而且对于收获、晾晒、脱粒均有益处。

四、收获与贮藏

（一）适时收获

1. 机械联合收获

一般在大豆完熟初期，此时大豆籽粒含水率在20%～25%，豆叶全部脱落，豆粒归圆，摇动大豆植株听到清脆响声时即可。

2. 分段收获

一般在大豆黄熟末期，此时大豆田有70%～80%的植株叶片、叶柄脱落，植株变成黄褐色，茎和荚变成黄色，用手摇动植株可听到籽粒的哗哗声，即可进行机械割晒作业；对于人工收割机械脱粒方式的收获期，一般在大豆完熟期，此时叶片完全脱落、茎、荚、粒呈原品种色泽，豆粒全部归圆，籽粒含水量下降至 20%，摇动豆荚有响声，即可进行人工收割。

（二）大豆贮藏

大豆含大量蛋白质，易发霉、走油、赤变，必须在很干燥的条件下贮藏，要求贮藏仓库及设备必须晒干或烘干，同时具有通风条件。有条件的可低温贮藏。

贮藏仓库要先消毒、除虫、灭鼠，以品种分类，挂牌贮藏，不允许与其他物品混存。

充分干燥是大豆贮藏的关键，长期安全贮藏的大豆水分必须在 12% 以下，超过 13% 就有霉变的危险。晒干后，应先摊开冷却，再分批入库。

大豆入库 3～4 周，应及时进行倒仓过风散湿，过筛除杂，以防止出汗发热，霉变、红变等异常情况的发生。

第三节　大豆绿色高产高效种植技术模式

一、大豆"深窄密"种植技术

大豆"深窄密"技术是平作种植技术，以矮秆品种为突破口，以气吸式播种机与通用机为载体，结合"深"即深松与分层施肥、"窄"即窄行、"密"即增加密度。大豆"深窄密"技术比 70 厘米的宽行距增产 20% 以上，其亩产量能稳定保持在 200 千克以上。

（一）土地准备

选用地势平坦、土壤疏松、地面干净、较肥沃的地块，要求地表秸秆且长度在 3～5 厘米。前茬的处理以深松或浅翻深松为主。土壤耕层要达到深、暄、平、碎。秋整地要达到播种状态。

（二）品种选择和种子处理

选择秆强、抗倒伏的矮秆或半矮秆品种。由于机械精播对种子要求严格，所以种子在播种前要进行机械精选。

（三）播种期

以当地日平均气温稳定通过5℃的日期作为当地始播期。在播种适期内，要根据品种类型、土壤墒情等条件确定具体播期。例如，中晚熟品种应适当早播，以便保证在霜前成熟；早熟品种应适当晚播，以便使其发棵壮苗，提高产量。土壤墒情较差的地块，应当抢墒早播，播后及时镇压；土壤墒情好的地块，应选定最佳播种期。播种时间是根据大豆种植的地理位置、气候条件、栽培制度及大豆生态类型确定的。就全国来说，春大豆播期为4月25日至5月15日。

（四）播种方法

"深窄密"采取平播的方法，双条精量点播，行距平均为15~17.5厘米，株距为11厘米，播深3~5厘米。以大机械一次完成作业为好。

（五）播种标准

在播种前要进行播种机的调整，把播种机与拖拉机悬挂连接好后，要求机具的前后、左右调整水平，要与拖拉机对中。气吸式播种机风机的转速应调整到以播种盘能吸住种子为准，风机皮带的松紧度要适中，过紧对风机轴及轴承影响较大，易损坏；过松则转速下降，产生空穴。精量播种机通过更换中间传动轴或地轮上的链轮实现播种量的调整。同时，通过改变外槽轮的工作长度来实现施肥量的调整，调整时松开排肥轴端头传动套的顶丝，转动排肥轴，增加或减少外槽轮的工作长度来实现排肥量的调整。要求种子量和施肥量流量一致，播量准确。对施肥铲的调整，松开施肥铲的顶丝，上下窜动，调整施肥的深度，深施肥在10~12厘米，浅施肥在5~7厘米。行距的调整，松开长孔调整板上的螺栓，使行距调整到要实施的行距，锁紧即可。播种时要求播量准确，正负误差不超过 1%，100 米偏差不超过 5 厘米，耕后地表平整。

（六）播种密度

目前，黑龙江品种的亩播种密度可在 3 万~3.33 万株。各方面条件优越、肥力水平高的，密度要降低 10%；整地质量差的、肥力水平低的，密度要增加 10%。内蒙古东四盟和吉林东部地区可参照这个密度，吉林其他地区和辽宁亩播种密度可在 2.67 万~3 万株。

（七）施肥

进行土壤养分的测定，按照测定的结果，动态调剂施肥比例。在没有进行平衡施肥的地块，经验施肥的一般氮、磷、钾可按 1 :（1.15~1.5）:（0.5~0.8）的比例。分层深施于种下 5 厘米和 12 厘米。肥料用量为每亩尿素 3.33 千克、磷酸二铵 10 千克、钾肥 6.67 千克。氮、磷肥充足条件下应注意增加钾肥的用量。叶面肥一般喷施 2 次，第 1 次在大豆初花期，第 2 次在盛花期和结荚初期，可用尿素加磷酸二氢钾喷施，用量一般每亩用尿素 0.33~0.67 千克加磷酸二氢钾 0.17~0.3 千克。喷施时最好采用飞机航化作业，效果最理想。

（八）化学灭草

化学灭草应采取秋季土壤处理、播前土壤处理和播后苗前土壤处理。化学除草剂的选用原则如下：

（1）把安全性放在首位，选择安全性好的除草剂及混配配方。

（2）根据杂草种类选择除草剂和合适的混用配方。

（3）根据土壤质地、有机质含量、pH 和自然条件选择除草剂。

（4）选择除草剂还必须选择好的喷洒机械，配合好的施药技术。

（5）要采用两种以上的混合除草剂，同一地块不同年份间除草剂的配方要有所改变。

（九）化学调控

大豆植株生长过旺，要在分枝期选用多效唑、三碘苯甲酸等化控剂进行调控，控制大豆徒长，防止后期倒伏。

（十）收获

大豆叶片全部脱落、茎干草枯、籽粒归圆呈本品种色泽、含水量低于18%时，用带有挠性割台的联合收获机进行机械直收。收获的标准要求割茬不留底荚，不丢枝，田间损失小于3%，收割综合损失小于1.5%，破碎率小于3%，泥花脸小于5%。

二、大豆"大垄密"种植技术

"大垄密"是在"深窄密"的基础上，为了解决雨水多、土壤库容小、不能存放多余的水等问题，逐步发展起来的一种垄平结合、宽窄结合、旱涝综防的大豆种植模式。"大垄密"技术比70厘米的宽行距增产20%以上，常年其大豆亩产量能稳定保持在200千克以上。

（一）土地准备

选用地势平坦、土壤疏松、地面干净、较肥沃的地块，要求地表秸秆且长度在3~5厘米，整地要做到耕层土壤细碎、地平。提倡深松起垄，垄向要直，垄宽一致。要努力做到伏秋精细整地，有条件的也可以秋施化肥，在上冻前7~10天深施化肥。要大力推行以深松为主体的松、耙、旋、翻相结合的整地方法。无深翻、深松基础的地块，可采用伏秋翻同时深松、旋耕同时深松或耙茬深松，耕翻深度18~20厘米，翻耙结合，耙茬深度12~15厘米，深松深度25厘米以上；有深翻、深松基础的地块，可进行秋耙茬，拣净茬子，耙深 12~15 厘米。春整地的玉米茬要顶浆扣垄并镇压；有深翻深松基础的玉米茬，早春拿净茬子并耢平茬坑，或用灭茬机灭茬，达到待播状态。进行"大垄密"播种地块的整地要在伏秋整地后，秋起平头大垄，并及时镇压。

（二）品种选择与种子处理

选择秆强、抗倒伏的矮秆或半矮秆品种。由于机械精播对种子要求严格，所以种子在播种前要进行机械精选。精选后的种子要进行包衣，包衣要包全、包匀。包衣好的种子要及时晾晒、装袋。

（三）播种期

以当地日平均气温稳定通过 5℃ 的日期作为始播期。在播种适期内，要因品种类型、土壤墒情等条件确定具体播期。例如，中晚熟品种应适当早播，以保证在霜前成熟；早熟品种应适当晚播，以便其发棵壮苗，提高产量。土壤墒情较差的地块，应当抢墒早播，播后及时镇压；土壤墒情好的地块，应选定最佳播种期。播种时间是根据大豆栽培的地理位置、气候条件、栽培制度及大豆生态类型确定的。就全国来说，春大豆播期为 4 月 25 日至 5 月 15 日。

（四）播种方法

"大垄密"即把 70 厘米或 65 厘米的大垄，二垄合一垄，成为 140 厘米或 130 厘米的大垄。一般在垄上种植 3 行的双条播，即 6 行，理想的是把中间的双条播，即垄上 5 行，或 110 厘米的垄种 4 行。

（五）播种标准

在播种前要进行播种机的调整，播种机与拖拉机悬挂连接好后，机具的前后左右要调整水平与拖拉机对中。气吸式播种机风机的转速应调整到以播种盘能吸住种子为准，风机皮带的松紧度要适度，过紧对风机轴及轴承损坏较大；过松转速下降，产生空穴。精量播种机通过更换中间传动轴或地轮上的链轮实现播种量的调整，并通过改变外槽轮的工作长度来实现施肥量的调整，调整时松开排肥轴端头传动套的顶丝，转动排肥轴，增加或减少外槽轮的工作长度来实现排肥量的调整。要求种子量和施肥量流量一致，播量准确。施肥深度可通过施肥铲的调整实现，松开施肥铲的顶丝，上下窜动，深施肥在 10～12 厘米，浅施肥在 5～7 厘米。行距调整可松开长孔调整板上的螺栓，使行距调整到要实施的行距，锁紧即可。播种时要求播量准确，正负误差不超过 1%，100 米偏差不超过 5 厘米，播到头、到边。

（六）播种密度

目前黑龙江品种的亩播种密度一般在 3 万～3.3 万株。肥力水平高的，密度要降低 10%；整地质量差的，肥力水平低的，密度要增加 10%。内蒙古东四盟和吉林东部地区可参照这个密度，吉林其他地区和辽宁亩播种密度可在 2.67 万～3 万株。

（七）施肥

经验施肥的一般氮、磷、钾可按 1：（1.15～1.5）：（0.5～0.8）的比例。分层深施于种下 5 厘米和 12 厘米。肥料用量为每亩尿素 3.3 千克、磷酸二铵 10 千克、钾肥 6.67 千克。氮、磷肥充足条件下应注意增加钾肥的用量。叶面肥一般喷施 2 次，第 1 次在大豆初花期，第 2 次在盛期和结荚初期，可用尿素加磷酸二氢钾喷施，一般每亩用尿素 0.33～0.67 千克加磷酸二氢钾 0.17～0.3 千克。

（八）化学灭草、秋季土壤处理

采用混土施药法使用除草剂，秋施药可结合大豆秋施肥进行。秋施异噁草酮、咪唑乙烟酸、唑嘧磺草胺、二甲戊灵等，喷后混入土壤中。播前土壤处理，使土壤形成 5～7 厘米药层，可丙炔氟草胺、乙草胺或精异丙甲草胺混用；播后苗前土壤处理，主要控制异噁草酮一年生杂草，同时消灭已出土的杂草，可乙草胺、精异丙甲草胺与异噁草酮、丙炔氟草胺等混用。喷液量每亩10~13.3升，要达到雾化良好，喷洒均匀，喷量误差小于5%。

喷药的时候要注意以下几点：

（1）药剂喷洒要均匀。坚持标准作业，喷洒均匀，不重、不漏。

（2）整地质量要好，土壤要平细。

（3）混土要彻底。混土的时间和深度应根据除草剂的种类而定。

（4）药效受降雨影响较大。

（九）化学调控

大豆植株生长过旺，要在初花期选用多效唑、三碘苯甲酸等化控剂进行调控，控制大豆徒长，防止后期倒伏。

（十）收获

大豆叶片全部脱落，茎干草枯，籽粒归圆呈本品种色泽，含水量低于18%时，用带有挠性割台的联合收获机进行机械直收。收获的标准要求割茬不留底荚，不丢枝，田间损失小于3%，收割综合损失小于1.5%，破碎率小于3%，泥花脸小于5%。

三、大豆垄上行间覆膜技术

大豆行间覆膜种植技术是黑龙江垦区针对黑龙江大豆产区连年干旱、低温而形成的一项增产增效创新种植技术。这项技术通过覆膜充分利用地下水，变无效水为有效水，在干旱地区和干旱年份表现出极大的增产潜力。该技术同时具有抗旱、增温、保墒、提质、增产、增效作用，是北方高寒地区旱作农业的又一项创新综合种植技术。

（一）整地

伏秋整地，严禁湿整地。对没有深松基础的地块采取深松，深松深度35厘米以上；有深松基础的地块采取耙茬或旋耕，耙茬深度15~18厘米，旋耕深度14~16厘米。秋起130厘米的大垄，垄面宽80厘米，并镇压。

（二）品种选择

选择优质、高产、抗逆性强、当地能正常成熟的品种，不能选择跨区种植的品种。

（三）地膜选择

选用厚度为0.01毫米、宽度为60厘米的地膜。

（四）播种时期

当土壤5~10厘米地温稳定在5℃即可播种，比正常播种可提早5~7天。黑龙江东部地区可在4月25日至5月1日，北部地区可在4月28日至5月5日。

（五）种植密度

遵循肥地宜稀、瘦地宜密的原则，亩保苗1.47万~1.73万株。

（六）播种方法

选用八五二农场耕作机厂2BM-3覆膜通用耕播机或2BM-1行间覆膜通用耕播机，垄上膜外单苗带气吸精量点播，苗带距膜2~3厘米，不能超过5厘米。一次完成施肥、覆膜、播种、镇压等作业。

（七）覆膜标准

覆膜笔直，100米偏差不超过5厘米，两边压土各10厘米，东部地区每隔10~20米膜上横向压土，西部地区每隔1.3~1.4米膜上横向压土，防止大风掀膜。

（八）播种标准

播量准确，正负误差不超过1%，播到头、到边。

（九）施肥

每亩施氮、磷、钾纯量 8~10 千克，氮、磷、钾的比例，黑土地为 1：1.5：0.6，白浆土地为 1：1.2：0.6。采用分层侧深施肥。肥在膜内种侧 10 厘米，1/3 肥施于种侧膜下 5~7 厘米，2/3 的肥施于种侧膜下 7~12 厘米。

（十）叶面追肥

在大豆初花期、鼓粒期、结荚初期分别进行叶面追肥。参考配方为每亩施尿素 0.3 千克，磷酸二氢钾 0.15 千克。第 1 遍机车或航化均可，第 2、3 遍以航化为主，要做到计量准确、喷液量充足、不重不漏。

（十一）化学灭草

灭草方式以播前土壤处理为主，茎叶处理为辅。播前土壤处理和茎叶处理应根据杂草的种类和当时的土壤条件选择施药品种和施药量。茎叶处理可采用苗带喷雾器，进行苗带施药，药量要减 1/3。土壤处理喷液量每亩 10~13.3 升，茎叶处理喷液量每亩 10 升。要达到雾化良好，喷洒均匀，喷量误差小于 5%。

（十二）中耕管理

在大豆生育期内中耕 3 遍。第 1 遍中耕在大豆出苗期进行，深度 15~18 厘米，或于垄沟深松 18~20 厘米，要垄沟和垄帮有较厚的活土层；第 2 遍中耕在大豆 2 片复叶时进行，深度 8~12 厘米；第 3 遍在封垄前进行，深度 8~12 厘米。

（十三）化学调控

按照大豆长势，生长过旺时，要在分枝期选用多效唑、三碘苯甲酸等化控剂进行调控，防止后期倒伏。

（十四）残膜回收

在大豆封垄前，将膜全部清除回收，防止污染。起膜后在覆膜的行间进行中耕。

四、大豆膜下滴灌种植技术

大豆膜下滴灌种植技术是以机械化精量播种和膜下滴灌技术为核心，集成先进的播种机械与大豆高密度栽培、滴灌、随水施肥、化学调控等技术形成的一项创新性大豆高产综合栽培技术体系。

（一）播前处理

1. 深施基肥

秋施腐熟的羊粪每公顷 45~75 吨，或用复合肥每公顷 375 千克，伏翻或秋翻。

2. 化学除草

播前结合耙地喷施精异丙甲草胺或二甲戊灵 1.575~2.7 千克/公顷，喷洒均匀，不重不漏。

（二）播种

1. 精选良种

选用高产、优质大豆品种。精选种子，保证种子大小均匀，发芽率高。播量 75~90 千克/公顷，保苗 30 万~36 万株/公顷。

2. 适期播种

5 厘米耕层连续 5 天通过 8℃时播种，底墒不足时可在播后滴水出苗。

3. 播种

采用气吸式精量点播机一次性完成铺设滴灌带、铺设地膜、膜上精量点播。两膜 16 行（2 米的膜）模式，膜宽 2 米，播幅宽 4.6 米，每幅膜上播种 4 个双行、铺 2 条滴灌带，平均行距 28.8 厘米，穴距 9.5 厘米，每穴下种 1~2 粒，深 3~4 厘米。

（三）田间管理

1. 滴水出苗

底墒不足时，可在播后 3~5 天滴水 600~750 米^3/公顷出苗水。

2. 及时定苗

在大豆出齐苗、第 1 片复叶展开前结束定苗，拔除弱苗、病苗。

3. 节水滴灌

开花后适时滴第 1 遍水，以后每 8~10 天滴 1 次水，每次滴水量 375~450 米^3/公顷，全生育期滴水 10~11 次。

4. 随水施肥

结合滴水，每次每公顷施 N、P_2O_5、K_2O 分别为 14.7 千克、1.8 千克、6.3 千克，生育期公顷施 N、P_2O_5、K_2O 分别为 215.25 千克、38.7 千克、67.5 千克。

5. 叶面追肥

于初花期、初荚期和鼓粒期用尿素、磷酸二氢钾、硼肥、锌肥、锰肥进行叶面喷肥，以保花、保荚、增粒重。

6. 人工除草

人工拔除大草 2~3 次。

7. 化学调控

根据植株生长情况用多效唑或甲哌鎓进行调控，预防倒伏。

8. 防病治虫

防治叶螨、棉铃虫可采用阿维菌素、甲氨基阿维菌素苯甲酸盐等生物制剂，对于霜霉病、叶斑病等可用多菌灵、代森锰锌等常用杀菌剂。

9. 适时收获

叶全落、荚全干时收获。机械割茬降低在 15 厘米下，滚筒转速不超过 500 转，以保证破碎率不超过 3%，田间损失率不超过 4%。

第七章　花生绿色高产高效种植技术

第一节　花生生长环境条件及特点

一、花生的生长环境条件

花生对温度、水分、光照等气候因素均有一定的要求，积温和开花结荚期的日平均气温高低及适温保持时间是制约花生生育的主要因素。

（一）温度

花生生长适宜温度为 25~30℃，低于 15.5℃ 基本停止生长，高于 35℃ 对花生生育有抑制作用；昼夜温差超过 10℃ 不利于荚果发育，白天 26℃、夜间 22℃ 最适合荚果发育，白天 30℃、夜间 26℃ 最适合营养生长；5℃ 以下低温连续 5 天，根系则受伤，−2~−1.5℃ 地上部则受冻害。

全生育期需积温 3 000~3 500℃，珍珠豆型约 3 000℃，普通型和龙生型约 3 500℃。

（二）水分

花生是耐旱性较强的作物，但高产花生须有适宜的水分供应。高产花生群体总耗水量比中、低产花生群体明显增加，所以保证水分供给量是获得花生高产的重要前提。花生的需水量，因生育阶段及外界环境的不同而不同，总趋势是两头少、中间多，即幼苗期、饱果期需水较少，开花结果期需水多。一般来说，花生在需水较少的时期，耐涝性差；在需水较多的时期，耐旱性差。

（三）光照

长日照有利于营养生长，短日照促进开花。在短日照下，植株生长不充分，开花早，单株结果少。光照强度不足时，植株易出现徒长，产量低。光照充足，植株生长健壮，结实多，饱果率高。

（四）土壤

花生对土壤的要求不太严格，除过于黏重的土壤外，一般质地的土壤都可以种花生。最适宜种花生的土壤是肥力较高的砂壤土，这种土壤通透性好，花生根系发达，结瘤多，土壤松紧适宜，有利于荚果发育。花生果壳光洁、果形大、质量好，商品价值高。黏质土壤，若采用覆膜栽培，保持土壤疏松，也可取得较高的产量。

花生适宜微偏酸性的土壤，pH 以 6.0~6.5 为好。适宜花生根瘤菌繁育的 pH 为 5.8~6.2，适于花生对磷肥吸收利用的 pH 为 5.5~7.0。花生属于耐酸作物，pH 为 3.42 的土壤仍能生长花生，但必须施用石灰等钙肥。花生不耐盐碱，在盐碱地就是发芽也易死苗，成长的植株矮小，产量低。花生是喜钙作物，土壤pH 高达 9.0，花生每亩产量仍可达到 300 千克。

（五）肥料

花生仁中含有丰富的蛋白质和脂肪，要形成这些物质，需要大量的养分。据研究表明，每生产 100 千克花生荚果需要纯氮6.8 千克、磷肥 1.3 千克、钾肥 3.8 千克。此外，花生还需要较多的钙。

花生与大豆一样，根部生根瘤，能固定空气中的氮素，全生育期仅需从土壤中吸收氮素总量的 1/3，即可满足花生的需求，其他养分要靠从土壤中吸收。由于花生有地上开花，地下结荚的特性，花生不仅根系吸收肥料，果针、幼果也能吸收肥料。

二、花生的生长发育特点

（一）种子萌发出苗期

从播种到 50% 的幼苗出土，第 1 片真叶展开为种子萌发出苗期。花生种子吸胀萌动后，胚根首先向下生长，接着下胚轴向上伸长，将子叶及胚芽推向土表。当第 1 片真叶伸出地面并展开时，称为出苗。花生出苗时，两片子叶一般不出土，在播种浅或土质松散的条件下，子叶可露出地面一部分，所以称花生为子叶半出土作物。中熟大花生品种萌发出苗约需 5 厘米地温大于 12℃ 的有效积温 116℃。北方适期春播花生萌发出苗一般需 10～15 天，夏播 5～8 天。

（二）苗期

从出苗到 50% 的植株第 1 朵花开放为苗期。苗期生长缓慢（始花时主茎高只有 4～8 厘米），但相对生长量是一生最快的时期。

1. 主要结果枝形成

出苗后，主茎第 1 片至第 3 片真叶很快生出，在第 3 片或第 4 片真叶生出后，真叶生出速度明显变慢，至始花时，连续开花型品种主茎一般有 7～8 片真叶，交替开花型品种有九片真叶。当主茎第 3 片真叶展开时，第 1 条侧枝开始生出；第 5 片至第 6 片真叶展开时，第 3 条、第 4 条侧枝相继生出。此时主茎已出现 4 条侧枝，呈"十"字形排列，通常称这一时期为"团棵期"（始花前 10～15 天）。至始花时生长健壮的植株一般可有 6 条以上分枝。

2. 大部分花芽分化完毕

到第 1 朵花开放时，一株花生可形成 60~100 个花芽，苗期分化的花芽在始花后 20~30 天内都能陆续开放，基本上都是有效花。

3. 大量根系发生

与地上部相比苗期根系生长较快，除主根迅速伸长外，第 1 次至第 4 次侧根相继发生，侧根条数达 100~200 条，深度达 60 厘米以上，同时根瘤亦开始大量形成。

苗期长短主要受温度影响，需大于 10℃ 有效积温 300~350℃。苗期生长最低温度为 14~16℃，最适温度为 26~30℃。一般北方春播花生苗期为 25~35 天，夏播为 20~25 天，地膜覆盖栽培缩短 2~5 天。花生苗期是一生最耐旱的时期，干旱解除后生长能迅速恢复，甚至超过未受旱植株。苗期对氮、磷等营养元素吸收不多，但是团棵期由于植株生长明显加快，而种子中带来的营养已基本耗尽，根瘤尚未形成。因此，苗期适当施氮、磷肥能促进根瘤的发育，有利于根瘤菌固氮，显著促进花芽分化数量，增加有效花数。

(三) 开花下针期

从始花到 50% 植株出现鸡头状幼果为开花下针期，简称花针期。这是花生植株大量开花、下针、营养体开始迅速生长的时期。根系在继续伸长的同时，主侧根上大量有效根瘤形成，固氮能力不断增强；全株叶面积增长迅速，达到一生中最快时期。但是，花针期还未达到植株干物质积累的最盛期，田间不能封垄或刚开始封垄。丛生型品种植株还较矮，主茎高度只有 20~30 厘米。花针期吸收营养开始大量增加，该期开的花数通常可占总花量的 50%~60%，形成的果针数可达总数的 30%~50%，并有相当多的果针入土。这一时期所开的花和所形成的果针有效率高，饱果率也高，是收获产量的主要组成部分。

花针期需大于 10℃ 有效积温 290℃，适宜的日平均气温为 22～28℃。北方中熟品种春播一般需 25～30 天，麦套或夏直播一般需 20～25 天；早熟品种春播需 20～25 天，麦套或夏直播一般需 17～20 天。土壤干旱，尤其是盛花期干旱，不仅会严重影响根系和地上部的生长，而且显著影响开花，延迟果针入土，甚至中断开花，即使干旱解除，亦会延迟荚果形成。花针期干旱对生育期短的夏花生和早熟品种的影响尤其严重。但土壤水分超过田间持水量的 80% 时，又易造成茎枝徒长，花量减少。

（四）结荚期

从幼果出现到 50% 植株出现饱果为结荚期。这一时期，是花生营养生长与生殖生长并盛期，亦是营养体由盛转衰的转折期。结荚初期田间封垄，主茎高约在结荚末期达高峰。结荚期是花生荚果形成的重要时期，在正常情况下，开花量逐渐减少，大批果针入土发育成幼果和秕果，果数不断增加。该期所形成的果数占最终单株总果数的 60%～70%，是决定荚果数量的时期。结荚期也是花生一生中吸收养分和耗水最多的时期，对缺水干旱最为敏感。

结荚期长短及荚果发育好坏取决于温度及其品种特性。一般大粒品种需大于 10℃ 有效积温 600℃（或大于 15℃ 有效积温 400～450℃）。北方中熟大粒品种需 40～45 天，早熟品种 30～40 天，地膜覆盖可缩短 4～6 天。

（五）饱果成熟期

从 50% 的植株出现饱果到大多数荚果饱满成熟，称饱果成熟期。这一时期营养生长逐渐衰退，叶片逐渐变黄衰老脱落，干物质积累速度变慢，根瘤停止固氮；茎叶中所积累的氮、磷等营养物质大量向荚果运转，干物质增量有可能成为负值。生殖生长主要表现在荚果迅速增重，饱果数明显增加，是果重增加的主要时期。

饱果成熟期长短因品种熟性、种植制度、气温等变化很大。北方春播中熟品种需 40~50 天，大于 10℃有效积温 600℃以上。晚熟品种约需 60 天，早熟品种 30~40 天。夏播一般需 20~30天。饱果期耗水和需肥量下降，但对温度、光照仍有较高的要求。温度低于 15℃时荚果生长停止，若遇干旱无补偿能力，会缩短饱果期而减产。

第二节　花生种植关键技术

一、良种选择

春播花生或春播地膜覆盖花生宜选择生育期在 125 天左右的优质专用型中大果花生品种，麦垄套种花生宜选择生育期在 125天以内的优质专用型中大果花生品种，夏直播花生宜选择生育期在 110 天左右的优质专用型中果花生品种。

在选择品种时，要注意品种抗性与当地旱涝、病虫等灾害发生特点相一致，特别是青枯病发生地区（地块）要选用高抗品种，烂果病发生较重的地区要选用抗性强的品种。机械收获程度高的产区，应选择结果集中、成熟一致性好、果柄韧性较好、适宜机械化收获的品种。

二、适期适量播种

（一）确定适宜播期

春播露地大花生播期应掌握在连续 5 天 5 厘米地温稳定在17℃以上，小花生稳定在 15℃以上，一般在 4 月中下旬至 5 月上

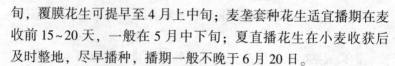

旬，覆膜花生可提早至4月上中旬；麦垄套种花生适宜播期在麦收前15~20天，一般在5月中下旬；夏直播花生在小麦收获后及时整地，尽早播种，播期一般不晚于6月20日。

（二）确定适宜播量

一般春播大花生双粒亩播8 000~9 500穴，小花生双粒亩播9 000~10 000穴，单粒亩播14 000~15 000粒；夏直播大花生单粒亩播15 000~17 000粒，双粒亩播9 500~12 000穴。

（三）搞好药剂拌种

播种前10~15天剥壳，剥壳前可带壳晒种2~3天，剔出霉变、破损、发芽的种子，按籽粒大小分级保存、分级播种。播种前已剥壳的种子要妥善保存，防止吸潮影响发芽率。选择合适的药剂进行拌种，拌种要均匀，随拌随播，种皮晾干即可播种，有效防治根腐病、茎腐病、冠腐病等土传病害和蛴螬等地下害虫。

三、田间管理

（一）科学施肥

花生施肥的总原则是多施有机肥、少施化肥，有机无机结合、速效缓释结合，因地巧施功能肥。酸性土壤可增施石灰等生理碱性含钙肥料；连作土壤可增施石灰氮、生物菌肥；肥力较低的砾质砂土、粗砂壤土和生茬地增施花生根瘤菌肥，增强根瘤固氮能力；花生高产田增施生物钾肥，促进土壤钾有效释放。可通过施用生物肥料，减少化肥用量，控制重金属污染以及亚硝酸积累。

（二）科学浇水

足墒播种的春花生和夏花生，幼苗期一般不需浇水，适当干旱有利于根系发育，提高植株抗旱耐涝能力，也有利于缩短第1、2节间，便于果针下扎，增加饱果率；麦套花生幼苗期出现干旱，应及时浇水保苗。生育中期（花针期和结荚期）是花生对水分反应最敏感的时期，也是一生中需水量最多的时期，此期干旱对产量影响大，当植株叶片中午前后出现萎蔫时，应及时浇水。生育后期（饱果期）遇旱应及时小水轻浇润灌，防止植株早衰及黄曲霉菌感染。浇水不宜在高温时段进行，且要防止田间积水，否则容易引起烂果，也不宜用低温井水直接灌溉。

（三）及时放苗清枝

覆膜花生膜上覆土的，当子叶节升至膜面时，及时将播种行上方的覆土摊至株行两侧，余下的土撒至垄沟。膜上未覆土的幼苗不能自动破膜时要及时人工破膜放苗，尽量减小膜孔。从团棵期（主茎 4 片复叶）开始，及时检查并抠出压埋在膜下的横生侧枝，使其健壮发育，始花前需进行 2~3 次。

（四）适时中耕除草

麦套花生麦收后 3~5 天内进行中耕灭茬除草，中耕后每亩用 50% 乙草胺乳油 120 毫升兑水 40~45 千克喷施地面。露栽花生播种覆土后用乙草胺喷施地面。当花生接近封垄时，在两行花生行间穿沟培土，培土要做到沟清、土暄、垄腰胖、垄顶凹，以利于果针入土结实。

（五）合理化学调控

当植株生长至 30~35 厘米时，对出现旺长的田块用多效唑或烯效唑等生长调节剂进行控制，要严格按使用说明施用，喷施过少不能起到控旺作用，喷施过多会使植株叶片早衰而减产。于上午 10 时前或下午 3 时后进行叶面喷施。

四、适期收获

收获、干燥与贮藏是花生生产最后的重要环节。生产上一般在植株由绿变黄、主茎保留 3~4 片绿叶、大部分荚果饱满成熟时及时收获，具体收获期应根据天气情况灵活掌握。

收获后应尽快晾晒或烘干干燥，使荚果含水量降到 10% 以下。注意控制贮藏条件，防治贮藏害虫的危害，防止黄曲霉毒素污染的发生。

第三节　花生绿色高产高效种植技术模式

一、春播地膜花生高产种植技术

春花生地膜覆盖是目前推广的主要高产种植技术，具有保温保墒、提前播种、有利于田间管理、增产的优点，对提高花生产量、扩大花生种植区域、保证国家食用油安全等具有重要意义。该技术增产增效显著，简便易行，为广大的花生种植户接受。

（一）选用优良品种

高产种植对花生种子的质量要求比较严格，品种要具有增产潜力，种子要成实饱满、纯度高。适宜的品种主要有大花生花育 19 号、花育 21 号、花育 22 号、花育 24 号等，小花生花育 20 号、花育 23 号等。

（二）选择高产地块

花生高产田要求地块土层深厚（1 米以上）、耕作层肥沃、结果层疏松的生茬地，地势平坦，排灌方便。

（三）增施肥料

根据花生需肥规律，高产田要求亩施优质有机肥 5 000~6 000 千克、尿素 20 千克、过磷酸钙 80 ~ 100 千克、硫酸钾（K_2O 50%）20~30 千克。将全部有机肥、钾肥及 2/3 的氮磷肥结合冬耕或早春耕地施于耕作层内，1/3 氮磷肥在花生起垄时包施在垄沟内。

（四）种植规格及密度

高产田应采用起垄双行覆膜种植方式，垄距 80 ~ 85 厘米，垄高 10 厘米，垄面宽 50 ~ 60 厘米，垄上行距 35 ~ 40 厘米，穴距 16.5 厘米，亩播 9 000 ~ 10 000 穴，每穴 2 粒。

（五）播种时间与深度

在 5 厘米地温稳定在 15℃ 以上时播种，深度以 3 ~ 5 厘米为宜。

（六）田间管理开孔放苗

覆膜花生一般在播后 10 天左右顶土出苗，出苗后要及时开孔放苗，放苗时间在上午 9 时之前，下午 4 时之后。

及时防治病虫害：花生苗期注意防治蚜虫和蓟马，方法是叶面喷施 40% 氧乐果乳油 800 倍液。自 7 月上旬开始，每隔 10 ~ 15 天叶面喷施杀菌剂，防治花生叶斑病，连续喷 3 ~ 4 次。在 7—8 月的高温多湿季节，用棉铃宝等杀虫剂防治花生虫害。在结荚期用辛硫磷等农药灌墩，防治蛴螬、金针虫等害虫。

遇旱浇水：在花生盛花期和结荚期遇旱，应及时浇水，不能大水漫灌。当花生主茎高超过 40 厘米时，叶面喷施 25% 多效唑 30 克控制徒长。

后期主要是防止植株早衰，促进果大果饱，及时收获，减少或避免伏果、芽果。

二、花生单粒精播高产种植技术

目前，花生高产种植存在整齐度不高等问题，推广花生单粒精播高产配套技术，不仅节种，而且显著提高工效和肥料利用率，并能够适应气候条件，防避病虫害，促进结果集中、整齐，通过提高花生群体质量，实现花生生产高产高效。

（一）单粒精播

大垄双行，单粒精播。穴距 10 ~ 11 厘米，亩播 14 000 ~

15 000粒（穴）。

（二）种子精选

选用优质高产花生新品种，精选种子，保证种子大小均匀。

（三）增施缓控释肥

增施有机肥，配方施用化肥，并将化肥总量的60%~70%改用缓控释肥。

（四）适期晚播

鲁东适宜播期为5月1—12日，鲁中南为4月25日至5月15日。

（五）机械覆膜播种

选用2BFD2花生单粒播种机，将起垄、播种、施肥、喷药、覆膜、膜上压土等工序一次完成。

（六）绿色控害

采用物理、生物等措施综合防治病虫害。

（七）适当化控

采用灵活多次化控，推行中后期叶面喷肥。

三、林果地间作花生高产种植技术

林果地（特别是幼龄林果地）间作花生，具有经济收益高、比较优势强、用地养地相结合的诸多优势，是大面积幼龄银杏、葡萄、冬（雪）枣等初建果园的高效间作模式。该技术在林果正常生长的同时，不仅实现了花生的高产高效，而且促进了土壤结构的改良和肥力的提高。

（一）选用耐阴、高产的中小果品种，坚持种子处理

考虑到林果不同程度的树阴影响，花生品种宜选择耐阴性较好、抗倒、抗病性较强、荚果中等偏小、容易充实饱满的中小粒品种为好，同时注意种子质量必须达到国标要求。适宜的品种主要有中花 1 号、湘花 2 号、泰花 2 号、泰花 4 号、天府 9 号等。

种子处理：播前 15~20 天晒种 2 天，剥壳后剔除病、残、瘪、弱籽，播前 1 天亩用吡虫啉种衣剂 40 毫升+氯虫苯甲酰胺 45 毫升兑水 400 毫升均匀拌种仁 12~15 千克，注意在塑料盆内减少药液流失，并做到拌匀拌透。拌后自然晾干，能较好地防治中后期地下害虫。

（二）增施腐熟有机肥料，适量搭配复混肥料

冬春在林果园内亩施腐熟灰粪肥 3 000~5 000 千克，施后深翻。早春亩施尿素 5 千克、15-15-15 复混肥 40 千克，施后耙平起垄。

（三）垄作方法及密度

根据幼树树冠大小、树干高矮确定和预留果树行空间宽度 1~2 米，当年栽植的幼树可以不预留空间直接起垄，垄宽 75 厘米左右，垄高 12~15 厘米，垄面宽 45~50 厘米，每垄播两行花生，垄上行距 25~30 厘米，穴距 18~20 厘米，播深 3~4 厘米，亩播 9 000~9 500 穴，每穴 2 苗。

（四）覆膜方式及化学除草

地膜规格：膜厚 0.006 毫米、宽 900 毫米。

春花生先播种后化除、覆膜，夏花生先化除覆膜后打孔播种。注意夏播播种时须垂直打孔，以免出苗时夏季高温灼苗及人工放苗。

化除：春花生播后覆膜前，夏花生起垄后覆膜前亩用 72%都尔或金都尔乳油 100 毫升兑水 50 千克均匀喷雾。

（五）田间管理

1. 开孔放苗

春播覆膜花生出苗后及时开孔放苗。

2. 及时防治病虫害

花生苗期注意防治蚜虫和灰飞虱，中后期注意防治叶斑病和

斜纹夜蛾。

3. 生长调节

开花前采用惠满丰、中华喷施宝等根外喷施；株高 35 厘米时，亩用 15% 可湿性多效唑粉剂 40~50 克，或花生超生宝 60 克兑水 50 千克均匀喷雾化控。

4. 抗旱排涝

盛夏酷暑时注意抗旱，遇有台风暴雨须及时排涝降渍。

四、油菜花生双高产种植技术

油菜花生轮作是我国南方长江流域主要的高产种植模式之一，具有用地与养地相结合、提高肥料利用效率、防止病害的优点。该模式要求选用偏早熟的油菜和花生品种，实现一年两熟。通过周年肥水运筹，病虫草害综合防控，达到增产增效的目的。

（一）选用适宜品种

油菜应该选择高产优质抗旱的偏早熟品种，确保 5 月中上旬完成收获。对花生品种的基本要求是：珍珠豆型早熟品种，全生育期 110 天以内，确保 9 月中旬完成收获，抗叶斑病和锈病、耐渍性强。适宜的品种主要有远杂 9102 号、中花 16 号、天府 14 号、天府 21 号、天府 23 号、中花 8 号、中花 11 号、中花 13 号、中花 15 号、泰花 3 号、泰花 4 号等。

（二）开厢整地，适量底肥

油菜收获完毕后及时进行翻耕、整地和开厢，水田或平整地块要切实做到三沟相通，围沟、腰沟要深；丘陵地或旱坡地可开浅沟。播种前结合耕整适量施肥，一般亩施复合肥 30 千克即可，可根据田块肥力调整氮肥用量，肥力高可少施或不施氮肥；反之，酌量增施氮肥。

（三）抢墒播种，合理密植

及时播种。结合天气情况抢晴抢墒播种，为保证后茬作物，在油菜收获后 3～5 天播种，播种密度每亩 2.0 万～2.2 万株（10 000～11 000穴）。

（四）及时收获

油菜茬花生一般在 8 月底或 9 月初成熟，应及时收获。

第八章 油菜绿色高产高效种植技术

第一节 油菜生长环境条件及特点

一、油菜的生长环境条件

(一) 温度

油菜是喜冷凉，抗寒力较强的作物，种子发芽的最低温度在3~5℃，在20~25℃条件下3天就可以出苗，开花期14~18℃，角果发育期12~15℃，且昼夜温差大有利于开花和角果发育，增加干物质和油分的积累。

(二) 水分

油菜生育期长，营养体大，结果器官数目多，因而需水较多，各生育阶段对水分的要求为：出苗期一般土壤水分应保持在田间持水量的65%左右；蕾薹期至开花期为田间持水量的75%~85%，角果发育期为田间持水量的70%~80%。

(三) 肥料

油菜是耐肥作物，吸肥能力强，在整个生育过程中，需要不断从土壤中吸收大量的氮、磷、钾等营养素。据测定，每生产100千克油菜籽，氮磷钾三者的比例为1：0.35：0.95，对三要素的需求量相当于禾谷类作物的3倍以上。硼肥是油菜生长发育必不可少的微量元素，缺硼后出现花而不实，幼角不膨大或不结实。一般减产二、三成，严重的颗粒无收。

（四）土壤

油菜是直根系作物，根系较发达，主根入土深，支、细根多，要求土层深厚，结构良好，有机质丰富，既保肥保水，又疏松通气的壤土或砂壤土，在弱酸或中性土壤中，更有利于增加产量，提高菜籽含油率。

二、油菜的生长发育特点

油菜从播种到成熟所需要的时间因类型、品种、地区和播种期等相差很大。春油菜生育期 80～130 天，冬油菜 160～280天。油菜一生可以分为以下 5 个生育时期。

（一）发芽出苗期

油菜从种子发芽到出苗为发芽出苗期。在土壤水分和氧气等条件适宜时，一般日均气温在 16～20℃ 时播种，3～5 天即可出苗，而在 5℃ 以下时，则需 20 天左右才能出苗。油菜种子发芽时，首先是胚根突破种皮深入土壤，随后下胚轴向上伸长，将子叶及胚芽顶出地面。当两片子叶出土展开，由淡黄转绿，即为出苗。

（二）苗期

从子叶出土展平至现蕾为苗期。一般春油菜 20～45 天，冬油菜 60～180 天。一般从出苗至花芽开始分化称为苗前期，而从花芽分化开始至现蕾称为苗后期。苗前期主要是生长根系、缩茎、叶片等营养器官的时期，为纯营养生长期。苗后期以营养生长为主，并进行花芽分化。苗前期发育好，则主茎节数多，可促进苗后期主根膨大，幼苗健壮，分化较多的有效花芽。

（三）蕾薹期

油菜从现蕾到初花阶段称为蕾薹期。一般春油菜持续 15～25

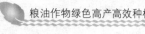

天、冬油菜 30 ~ 50 天。油菜在现蕾时和现蕾后主茎节间伸长，称为抽薹。当主茎高达 10 厘米时进入抽薹期。蕾薹期是以根、茎、叶生长占优势的营养生长和花芽分化的并进生长阶段，是油菜一生中生长最快的时期，需从土壤中吸收大量的水和无机养分，是对水和各种养分吸收利用最迅速、最迫切的时期。

（四）开花期

油菜从初花到终花所经历的时间为开花期。油菜花期较长，一般持续 25 ~ 30 天。当全田有 25% 以上植株主茎花序开始开花为始花期，全田有 75% 的花序完全谢花为终花期。此期是决定角果数和每果粒数的重要时期。

一株油菜的开花顺序是先主茎花序，后第一、第二分枝花序，自上而下，自内向外逐次开放。每一花序的开花顺序是自下而上逐次开放。油菜开花时间一般在上午 7—12 时，以 9—10 时开花最多。油菜开花期持续一个月左右。

油菜属于异花和常异花授粉植物，主要靠昆虫传粉，开花时，晴朗天气有利于昆虫传粉，可提高结实率。

（五）角果发育成熟期

油菜从终花到成熟的过程称为角果发育成熟期。一般为 25 ~ 30 天。此期包括了角果、种子的体积增大，幼胚的发育和油分及其他营养物质的积累过程，是决定粒数、粒重的时期。此期植株体内大量的营养物质向角果和种子内转移、积累，直到完全成熟。种子内所积累的养分，一部分来自植株（茎秆）积累物质的转移，约占种子储存养分的 40%。另一部分是中后期油菜叶片和绿色角果皮的光合产物，约占 60%，其中，中后期叶片的光合产物约占 20%，绿色角果皮的光合产物约占 40%。油菜的成熟过程，可划分为 3 个时期。

1. 绿熟期

主花序基部的角果由绿色变为黄绿色，种子由灰白色变为淡绿色，分枝花序上的角果仍为绿色，种子仍为灰白色。此期种子含油量只有成熟种子的70%左右。

2. 黄熟期

植株大部分叶片枯黄脱落，主花序角果已成正常黄色，种子皮色已呈现出本品种固有的色泽；中上部分枝角果为黄绿色，当全株和全田70%~80%的角果达到淡黄色（所谓半青半黄）时，即为人工收获适期。

3. 完熟期

大部分角果由黄绿色转变为黄白色，并失去光泽，多数种子呈现出本品种固有色泽，角果容易开裂。如果此期人工收获，易因炸角造成田间损失。

第二节 油菜种植关键技术

一、良种选择

了解品种特性，选择优质油菜品种。根据育种方式不同，习惯将油菜品种分为常规油菜、杂交油菜两大类型。杂交油菜由于存在杂种优势，产量相对较高，但因其制种困难，种子价格相对较贵。根据油菜品种的品质特性，又将其分为优质油菜与普通油菜两大类。优质油菜不仅其菜油品质好，且其饼粕可直接用于饲料，其菜薹可做蔬菜，其直接经济效益与综合效益显著高于普通油菜。

选用经过当地试种且表现优良的油菜品种。气候、土壤和栽培习惯不同，农作物品种表现可产生较大的差异，因此在进行品种选择时应选择经当地农业农村主管部门试验示范、表现良好的、已审定的主推品种。

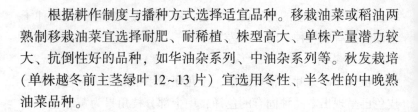

根据耕作制度与播种方式选择适宜品种。移栽油菜或稻油两熟制移栽油菜宜选择耐肥、耐稀植、株型高大、单株产量潜力较大、抗倒性好的品种，如华油杂系列、中油杂系列等。秋发栽培（单株越冬前主茎绿叶 12~13 片）宜选用冬性、半冬性的中晚熟油菜品种。

二、整地与施基肥

（一）整地

油菜种子较小，所以整地要求精细、平整，耕层深厚、上虚下实，以利于种子发芽出苗。同时不同类型、不同用途的田块其耕整的要求有所不同。

1. 水稻田的耕整

在双季晚稻收获前 15 天左右要开沟排水、晒田，晚稻收割后立即翻耕碎土。稻田整地力求做到沟深土细、田平、厢匀。

2. 旱作田块的耕整

前作物收获后，要根据土壤墒情及时翻耕晒垡，耙细耕平，使土疏松细碎。如果整地时天旱墒情不好，最好先灌水后整地，墒情适宜时及时翻耕整地播种。

大田整好后开沟做厢。土质黏重，地势低的田块，厢宽 2~3 米，沟深 30 厘米；土质疏松，地势较高的田块，厢宽 3~4 米，厢沟 30~35 厘米，沟深 18~20 厘米。开厢的同时，要开好腰沟和围沟，做到"三沟"配套，沟沟相通，明水能排，暗水能滤，雨停田干。

（二）施基肥

基肥在总肥量中的比例一般约占 40%。施足底肥有利于促进油菜苗期生长良好，打下丰产架子，避免后期因追肥过多而贪青、返花、倒伏等。另外，硼是油菜必不可少的微量营养元素，缺硼会导致油菜出现"花而不实"的现象。因此，油菜基肥应以无机肥与有机肥相结合，还要施些硼肥。在有机肥较多时，可结合整地使用。在有机肥较少时，可集中施于移栽行或穴中，但必须与土拌匀，使土肥相融，要避免与根系直接接触，以免烧根。

三、播种技术

（一）选择合理的播种方式

1. 直播

直播油菜的特点是根系发达，抗逆能力强，省工省时。

2. 育苗移栽

油菜育苗移栽可以适时早播，有利于培育壮苗，能较好地解决季节与茬口矛盾。

（二）确定适宜的播种时间

不同栽培条件下油菜播种时间弹性较大，但适宜播种时间范围较窄。在长江流域中上游地区，"秋发栽培"（单株越冬绿叶12~13 片）宜于 9 月上旬播种；"冬发栽培"（单株越冬绿叶10~11 片）宜于 9 月中旬播种；"冬壮栽培"（单株越冬绿叶 8~9 片）宜于 9 月中旬后期播种。直播时间可按上述育苗播种时间推迟 7~10 天。

（三）种子处理和播种量

1. 种子处理

播种前将当年收获的种子放在太阳下翻晒 2~3 天，再经过筛选、风选，除去部分夹杂物和秕粒，然后播种。另外，盐水选种可以淘汰菌核及提高种子质量，其方法是把种子放在 10% 盐水中搅拌 5 分钟，不断除去漂浮水面的菌核和秕粒，然后捞起种子，立即用清水冲洗数次以免盐分影响发芽力，最后将选出的种子推开晾干，准备播种。

2. 播种量

根据杂交种子大小确定播种量，一般每亩苗床只需留苗 11 万~12 万株，油菜种子千粒重以 3.8 克，出苗率按 75% 计，每亩苗床用 500~600 克种子。

（四）育苗技术

1. 选好苗床地

油菜苗床应选择没有种过大白菜等十字花科作物，土壤肥沃，质地带沙性，地势较高，排灌方便的地块，苗床面积按 1：5 的比例留足。

2. 精耕细作，施足基肥

苗床要求要做到平、细、实，畦宽 1.5 米，沟宽 0.25 米，沟深 0.25 米，施足基肥，每亩施 2 500 千克土杂肥、25 千克复合肥和 0.5 千克硼肥。

3. 苗床管理

（1）早间苗、定苗。间苗要做到五去五留：去弱苗留壮苗，去小苗留大苗，去杂苗留纯苗，去病苗留健苗，去密苗留匀苗。一般苗床间苗 2~3 次，齐苗时 1 次，间去丛生弱苗；第 1 片真叶时 1 次，要求叶不搭叶，苗不挨苗；3 叶时定苗，每平方米留 110~120 株，苗距 8~10 厘米，每亩留苗以 70 000 株为宜。

（2）适时浇水和施肥。播种后要浇好出苗水，以土面不干燥、不发白为宜。齐苗后少浇水，促进根系下扎，1~2 叶期结合间苗浇施粪水或稀尿素。5 叶后减少浇水施肥，移栽前 1 周施好送嫁肥，苗肥用碳酸氢铵 5 千克左右兑水浇施，移栽前 1 天浇 1 次透水，以利于拔苗。

（3）早治虫。油菜苗期主要害虫有蚜虫、菜青虫等，要早防治。

4. 化学调控，培育壮苗

化学控制最好在幼苗 3 叶期，每亩用 15% 多效唑 100~130 克兑水 1 000 倍，均匀地喷施在幼苗叶片上，切勿重复喷施。

四、适时移栽或大田直播

(一) 选择合理的种植方式和种植密度

1. 种植方式

（1）正方形种植。行距和株距相等，或株距稍小于行距，一般在密度较低的情况下采用，植株受光均匀，各个方向的分枝大小较一致。

（2）宽行密株。行距较宽，株距缩小。在密度较大的情况下，这种方式既保证了较高的密度，又发挥了宽行通风透光的优点，便于田间管理，增产显著。

（3）宽窄行。这种方式采用宽行与窄行相间种植，由于调整了行距，在密度较高的情况下，比宽行密株更有利于协调个体与群体的关系，更有利于田间管理，及后季作物适时套作，解决前作后作的季节矛盾，增产显著。

（4）穴植。在土壤黏重潮湿、整地困难的水稻田，以及土质条件差的山区、丘陵坡地，干旱严重的地区，条播条栽较困难，采用穴植则简便易行，有利于集中施肥、抗旱播种，易于管理，利于全面壮苗。

2. 种植密度

种植密度要以油菜品种的生育特性、当地气候、土壤、肥料、播期及管理条件来确定。①土壤和肥水条件：一般在土壤肥沃、深厚，土质好，施肥较多的条件下，油菜植株生长繁茂，种植密度宜小些，相反则种植密度宜大些。②播种时期：早播早栽的油菜密度以稍低为宜，迟播的则应适当加大密度。③品种特性：品种特性影响油菜种植密度是最大的。植株高大的品种宜稍稀，植株矮小的品种宜稍密；株型紧凑的宜稍密，株型松散的宜稍稀；早熟品种宜稍密，晚熟品种宜稍稀。在甘蓝型杂交油菜品种中，早、中熟品种比晚熟品种的密度宜大些。如秦油 2 号生育期长，个体较大，育苗移栽每亩以 6 000~8 000 株为宜；油研 7 号植株较矮，生育期又较短，每亩以 8 000~10 000 株为宜；贵杂 2 号属中、早熟品种，每亩以 8 000~9 000 株为宜。

（二）移栽技术

1. 起苗

起苗时土壤湿度要求较大，起苗少伤根系。若苗床土壤坚硬，应在起苗的前一天浇透水，使土壤湿润。水分充足，早上露水大时取苗，容易断柄伤叶，应在露水干后进行。起苗时要力求少伤根，多带护根土。用手扯苗时，手要捏紧根颈，轻轻起苗，或用锹起苗。起苗时除去弱苗、病苗、伤苗和杂苗。苗按大小分级、分田块移栽，以保证同一田块内秧苗整齐，生长一致有利于田间管理。

2. 移栽方法

要做到"三栽三不栽"和"三要三边"。即行要栽直、根要栽正、棵要栽稳，并做到边起苗、边移栽、边浇定根水。要栽直根苗、不栽弯根苗，栽紧根苗、不栽吊根苗，栽新鲜苗、不栽隔夜苗。栽时土要压紧，不歪不倒。油菜移栽方式有条栽和穴栽两种，条栽又可分为等行距条栽及宽窄行条栽两种。条栽有利于通风透光及便于田间管理，适合于疏松的土壤，方法是先按规定的行距开好沟，将底肥施入沟中，再按株距规格将菜苗紧靠行沟的陡坡一侧摆直，使根自然伸长不弯曲，然后用开第 2 条沟的土覆盖压实。在土壤黏重、雨水较多、土壤湿度大的情况下，可采用穴栽，方法是先按规定的行株距开穴，施入底肥，再在穴中移栽。开沟、开穴要达到 10 厘米左右，不能太浅太小。

3. 壮苗的标准与移栽时间

壮苗的标准，即在移栽时达到绿叶 7 片，根茎粗 0.6~0.8 厘米，苗高 22~24 厘米，苗龄 30 天为好。具体来说，甘蓝型油菜在移栽时（10 月中下旬），要求达到"三个七"：绿叶 6~7 片，苗高 6~7 寸（20~23 厘米），根颈粗 6~7 毫米。如果移栽时期较晚（11 月上旬）则要求达到"三个八"。如果茬口允许，正常时实行中苗（5~6 叶）早栽效果也较理想。移栽时间应以适时早栽为原则，移栽的适宜时间一般在 10 月中下旬，迟至 11 月上旬，再晚移栽，产量会明显下降。

（三）直播技术

1. 正确选用播种方法

目前的播种方法有 3 种：

（1）撒播。用种量大，出苗多，苗不匀，间苗、定苗工作量大，管理不方便，因而很少采用。

（2）点播。在水稻田土质黏重，整地困难，开沟条播不方便的地方较为适用。将种子与人畜粪、过酸钙、硼肥等肥料和适量的细土或细沙充分拌和、分厢定量点播，播后用细土粪盖籽。

（3）条播。播种时每厢应按规定行距拉线开沟播种，沟深 3~5 厘米，条播要求落籽稀而匀，最好用干细土拌种，顺沟播下。

2. 确定直播油菜密度

直播油菜每亩密度要比移栽密度增加 30% 左右，即每亩 1.1 万~1.2 万穴，每穴可留苗 2~3 株，苗总株数 2.5 万~3.5 万株。

3. 及时间苗、定苗、补苗

直播油菜常因播种不匀造成幼苗密度过大，出现苗挤苗，或出现断垄缺苗现象。所以，要及时间苗、定苗、补苗。一般第 1

次间苗在第1片真叶期，第2次间苗在2~3叶期，4~5叶期开始定苗，同时补苗。

4. 加强肥水管理，及时进行病虫害防治

油菜苗期间常遇秋旱，所以要立足灌水育苗。同时对于干旱年份、瘠薄田块还应及时补充养分。另外，油菜苗期主要是虫害较重，如蚜虫、菜青虫，要及时控制害虫危害，培育健壮幼苗。

五、田间管理

（一）不同生育时期的施肥技术

1. 苗期

油菜苗期历时120~150天，占整个生育期的50%~60%，油菜苗期生长好坏直接影响后期产量。此时的管理重点之一是早施苗肥和重施腊肥（冬至前后施用的肥料）。早施苗肥使菜苗充分利用冬前有效积温和光照，重施腊肥增强菜苗抵御低温冻害的能力，使菜苗安全越冬，保证油菜春后生长对养分的需要。苗肥一般分两次施用，第1次在移栽成活时（直播油菜间苗时），约在10月下旬至11月上旬，每亩施尿素5~6千克，兑水浇施雨前或雨后撒施。第2次在12月上中旬，以农家肥为主（或称腊肥），每亩采用人畜粪1 000~1 500千克，施于油菜行间或培于根旁，或每亩3~5千克尿素。

2. 蕾薹期

蕾薹期施肥要做到看苗（菜苗长势、生育进程）、看地（前期施肥情况）、看天（天气状况）合理施肥，以实现早发稳长，不早衰、不贪青为原则，做到3个"少施、迟施或不施"，三个"早施、巧施、多施"。前者包括：油菜长势强，叶片大，顶低于叶尖的；土壤肥沃，腊肥充足的；气温高，菜苗生长快的。后者包括：油菜长势弱，薹茎紫红色且有早衰趋势的；土壤肥力差，腊肥不足的；气温低，菜苗生长慢的。另外，干旱少雨时要肥水结合，以水调肥；多雨地湿时要穴施或结合中耕条施。蕾薹肥一般在薹高 10 厘米左右时，每亩施用尿素 7~10 千克。

3. 开花成熟期

油菜进入开花成熟期后，土壤施肥极为不方便。因此，此时施肥一般采用叶面喷施 1%~2% 尿素、2%~3% 过磷酸钙和（或）0.2% 磷酸二氢钾溶液。

(二) 不同生育时期的水分管理技术

1. 苗期

苗期水分管理应以"浇水保苗、灌水发根、以水调肥、以水调温"为重点，适时灌溉培育壮苗。具体来说，播种出苗期遇到干旱，整地时灌水整地，播种后浇施稀薄粪水，保证安全出苗和出全苗、齐苗。移栽时和移栽后浇施稀薄粪水或尿素水，确保存活、尽快成活。移栽苗开始生长后，或直播苗 3 叶期以后，引水沟灌促进根系生长，促进根系对养分的吸收。入冬前灌水提高土壤温度，缩小土壤昼夜温差，防止或减轻冻害死苗现象。

2. 蕾薹期

蕾薹期是油菜需水的敏感时期，日需水量增加。此时缺水会导致花芽分化数减少，单株角果数减少。此时，南方地区降雨增多，油菜对水分的需求基本能得到保证，因此应开好"四沟"（厢沟、腰沟、围沟、排水沟），以防降水过多发生渍害。而北方地区气候干燥，常发生早春干旱，因此应根据土壤墒情适时灌水，保证水分供应。

3. 开花期

开花期是油菜最大需水期，日需水量达到全生育期最大值。此时水分过多或过少都会导致结实率下降，单株有效角果数减少，每果粒数减少。油菜开花期，长江流域地区时常阴雨绵绵，

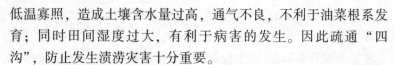

低温寡照，造成土壤含水量过高，通气不良，不利于油菜根系发育；同时田间湿度过大，有利于病害的发生。因此疏通"四沟"，防止发生渍涝灾害十分重要。

4. 角果发育成熟期

此时常有高温艳阳、干热风劲吹的天气，造成高温逼熟，千粒重降低，产量和品质下降。因此后期酌情灌水不能忽视。

（三）中耕除草技术

中耕的作用在于疏松表土，破除板结，改善土壤通气状况，提高地温，消除杂草，促进土壤微生物活动，加速养分转化，以利油菜发根发棵。稻田栽种油菜，中耕松土尤为重要。中耕可结合追肥进行。移栽活棵后或直播田间苗时结合施苗肥进行第 1 次浅中耕，深 3~5 厘米。第 2 次中耕在 12 月上中旬结合施腊肥进行深中耕 7~10 厘米。

六、收获与贮藏

（一）适时收获

1. 收获时期

由于油菜是无限花序，开花期长，具有边开花边结果的习性，角果成熟不一致，因此要做到适时收获。根据各地的经验，一般在油菜终花后 30 天左右，全田油菜角果由 70%~80% 转为（淡）黄色，主轴基部角果开始转为黄白色，主茎中、上部第 1 次分枝角果内的种子由青绿色逐渐转变为本品种固有色泽时，为收割的适宜时期。

2. 收获方法

无论是冬油菜产区还是春油菜产区，油菜收获均应在早晨带露水收割，以防主轴和上部分枝角果裂角落粒。收获过程力争做到"四轻"（轻割、轻放、轻捆、轻运）。油菜收割时，边收、边捆、边拉、边堆，不宜在田间堆放、晾晒，以防裂角落粒。

（二）堆垛脱粒

1. 堆垛后熟

由于油菜在八成熟时收获，往往需要经过一个从收获成熟到生理成熟的过程。种子在脱离植株后仍然进行生理代谢过程称之为后熟作用。为促进部分未完全成熟的角果的后熟，应将收获后的油菜堆垛 7 天左右。正确的堆垛方法是选择在地势较高、不积水的地方，第 1 层角果向外，上部各层角果向内，顶上加盖防雨层，避免雨水渗透发生霉烂。在堆放后熟过程中，要注意检查堆内温度，防止高温高湿导致菜籽霉变。堆放 7 天后，应当及时迅速散堆，并在晒场上及时铺开，迅速晒干。

2. 脱粒入库

经过堆放 7 天左右的油菜，角果经果胶酶分解，角果皮裂开，菜籽已与角果皮脱离。这时可选择晴朗的天气，抓紧时间摊晒、碾打、脱粒、扬净。

（三）贮藏

油菜籽粒小、皮薄、含油量高，易生芽、发热、霉变。因此必须在干燥、低温的条件下贮藏。

贮藏仓库要先消毒、除虫、灭鼠，以品种分类，挂牌贮藏，不允许与其他物品混存。

严格控制菜籽含水量，用以贮藏的油菜籽含水量不宜高于 7%，仓储期间，要固定专职人员定期检查种子的含水量，发现含水量升高，要及时采取措施进行晾晒。当水分下降到规定标准后，应注意密闭良好，以防种子吸湿。

严防发热霉变，及时晾晒，防止发热。

第三节 油菜绿色高产高效种植技术模式

一、中稻油菜轮作高产栽培技术

长江流域是我国水稻及油菜的主产区，而稻油轮作模式是该区的重要栽培模式。如前茬水稻收获时间较早，可采用翻耕栽培模式；如前茬水稻收获时间较迟，可采用免耕栽培模式。

（一）选择适宜栽培模式

如前茬水稻腾茬早，且土壤墒情好，可选择直播栽培模式；如前茬水稻腾茬迟，则可选择育苗移栽模式。

（二）选择适宜品种

直播油菜应选用早熟耐迟播、种子发芽势强、春发抗倒、主花序长、株型紧凑、抗病性及耐渍性强的双低油菜品种。移栽油菜应选用分枝能力强、抗倒、抗病及耐渍性强的双低油菜品种。

（三）稻田整地

水稻收获前适时排水晒田，收获后抓住晴天及时耕翻坑土晒垡，切忌湿耕。耕翻后的土壤应耖细整平，开沟作畦。在土壤黏重、地势低、排水困难的田块，宜采用深沟窄畦。畦宽1.5米，沟深0.25米。如采用直播模式，则应趁土壤湿润进行翻耕，在土壤干湿适宜时进行耕耙保墒，要求达到土细土碎，厢面平整无大土块，不留大孔隙，土粒均匀疏松，干湿适度。厢宽一般为2米，沟深0.2米。

（四）适时播栽

长江流域移栽油菜的苗床一般在9月中下旬播种，10月中下旬移栽；直播油菜一般在9月下旬播种。秋雨多或秋旱严重的地区，应抓住时机及时播种和移栽。同时考虑移栽油菜的苗龄及移栽期，与前茬顺利连接，避免形成老苗、高脚苗。

（五）确定适宜密度

移栽油菜密度以 0.8 万~1.0 万株/亩为宜，直播油菜密度以 2.5 万~3.0 万株/亩为宜。土壤地力差、肥料投入少的田块可适当增加密度；反之，则应适当降低种植密度。

（六）肥料运筹

一般每亩用肥量为纯 N 15~18 千克、P_2O_5 8~10 千克、K_2O 8~12 千克、硼砂 1~1.5 千克。磷钾肥及硼肥在施底肥时一次施入。直播油菜的 50%氮肥作基苗肥，腊肥或早春接力肥在 20%左右，薹肥占 30%；移栽油菜的 60%氮肥作基苗肥，腊肥或早春接力肥在 10%左右，薹肥占 30%。

（七）大田管理

如叶色变黄，要结合墒情每亩追施尿素 3~5 千克提苗，要及时做好抗旱防渍及病虫草害防治工作。

（八）适时收获

适宜的收获时间在油菜终花后 30 天左右。以全田有 2/3 的角果呈黄绿色、主轴中部角果呈枇杷色、全株仍有 1/3 角果显绿色时收获为宜。采用机械收获的田块其收获时间应推迟 3~5 天。油菜的适宜收获期较短，要掌握好时机，抓紧晴天抢收。

二、油菜与马铃薯、蔬菜、玉米等套作技术

油菜套马铃薯主要是指套种秋马铃薯。马铃薯生育期较短，秋马铃薯生育期一般在 3~4 个月，对油菜的生长不会产生大的影响。田间种薯覆盖稻草，能促进秸秆还田增肥，有效避免焚烧造成的环境污染问题，而且能有效抑制油菜田间杂草生长。密度的降低和肥料利用效率的提高，油菜个体得到强化和充分发育，单株分枝数和荚果数显著提高，从而使油菜个体产量增加。油菜

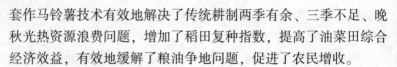

套作马铃薯技术有效地解决了传统耕制两季有余、三季不足、晚秋光热资源浪费问题，增加了稻田复种指数，提高了油菜田综合经济效益，有效地缓解了粮油争地问题，促进了农民增收。

（一）优选品种

油菜选用近年审定的高产优质双低油菜品种，如川油 58 号、川油 21 号、川油 39 号、蜀杂 11 号、蓉油 16 号、绵油 17 号、南油 9 号等。马铃薯一般选用菜用型、生育期较短、商品性好的优良品种，如川芋 56 号等。

（二）选好苗床地

选择土质肥沃、保水保肥力好、前茬不宜是十字花科作物的砂壤土或壤土。苗床要精细，畦面平整，表层土细碎。

（三）薯种处理

马铃薯秋播时气温高、湿度大，为确保种薯不感病，可用 1 500 倍高锰酸钾水液对种薯进行消毒处理，摊开晾干。对播种前 10～15 天未见醒芽的马铃薯种，须作催芽处理，常用 0.000 1%～0.000 2%浓度的赤霉素喷雾 1～2 次，再用湿润稻草等物覆盖，不见光，排出积水，7～10 天即可萌芽，也可用稻草、河沙等保湿催芽。

（四）适时播种，提高播种质量

水稻收获后，尽早开沟开厢播种。马铃薯在 8 月下旬或 9 月上旬播种。油菜采用育苗移栽的方式，9 月上中旬育苗，10 月上中旬移栽。

（五）合理密植

套种规格：开厢 2.6 米，厢面 2.4 米，厢沟宽 0.2 米。厢面上种 6 行（3 个双行）马铃薯，6 行油菜（靠沟各 1 行、中间 2 个双行）。马铃薯实行宽窄行栽培，窄行行距 20 厘米，宽行行距 60 厘米，边行距厢面边缘 30 厘米，马铃薯窝距 20 厘米，双行错窝栽培，马铃薯亩植7 692窝。油菜移栽密度根据品种特性、肥水条件等特点可适当稀植，通常为窝距23.3厘米，亩植6 602株。

（六）适当提高施肥水平

施足底肥。秋马铃薯不宜过重施肥，一般以腐熟有机肥为主。亩用渣厩肥2 000~2 500千克，配合复合肥40~50千克，混合均匀施入窝内，再按亩用猪粪水15~25千克兑水施用，兑水量视土壤干湿情况而定，土湿少兑，土干多兑。

在移栽的头一天下午，先用清粪水适度浸泡苗床地，起苗时不伤根，同时使苗体有足够的水分贮藏。选择根系发育良好、生长健壮、大小均匀的苗移栽。移栽时做到"全、匀、深、直、紧"，即全叶下田，大小苗分开匀栽，根部全部入土中，苗根直，压紧土，移栽后立即施用清粪水作定根水。油菜移栽后5~7天追施尿素5~7.5千克，过磷酸钙40~50千克，氯化钾10千克。移栽后第28~30天继续在窄行撒施尿素，亩用量5~7.5千克，促进早发壮苗及花芽分化。

（七）稻草覆盖

施肥后，用湿稻草顺盖于厢面，厚度以5~7厘米为宜。盖草太薄，达不到效果，太厚既增加稻草用量，又影响出苗，稻草上严禁再盖土。

（八）加强管理

马铃薯出苗后及时除草，并视情况用清粪水兑尿素1.5千克/亩追施。

（九）及时防治病虫

晚疫病对秋马铃薯的产量影响很大，必须加强观察，及时防治。一旦在田间发现中心病株，应及时拔除，或摘下病叶销毁，并立即用内吸性杀菌剂甲霜灵等药物进行防治1~2次。

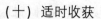

（十）适时收获

秋马铃薯生育期较短，生育期为 80~90 天，以地上部萎蔫时收获较为合适。

（十一）加强油菜中后期管理

马铃薯收获后，及时壅根培土，预防倒伏，后期防治菌核病。

三、油菜免耕高效栽培技术

油菜免耕栽培技术是在前茬作物收获后，不经过耕翻整地，在封杀老草和简单整平后板田直接播种或移栽油菜，使油菜达到高产的一套轻型栽培技术。该技术可减少用工，降低劳动强度，提高油菜综合生产能力。

（一）安排好前茬作物

前茬作物不能安排生育期过长、成熟过迟的品种。

（二）品种选用

在棉田、三熟制稻田进行油菜免耕栽培需要选择早熟品种，免耕直播油菜需选择耐密植、抗倒性好的双低品种，免耕移栽油菜需要选择分枝性强、抗倒性好的双低品种。

（三）播栽准备

移栽油菜要抓好壮苗关，直播油菜可进行适当种子处理，提高发芽成苗率。播栽前施入底肥，开好"三沟"，要求沟沟相通，并将沟土打碎整平或借助于机械开沟的作用，将沟土旋散在厢面上，把肥掩埋好。

（四）合理密植

免耕油菜一般比翻耕的春发差，株高略矮，二次分枝少，需适当增加密度来弥补。移栽油菜密度要达到 1.0 万~1.2 万株/亩，直播油菜密度应达到 2.5 万~3.0 万株/亩。肥田、早栽、施

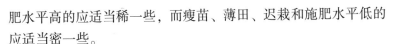

肥水平高的应当适当稀一些，而瘦苗、薄田、迟栽和施肥水平低的应当适当密一些。

（五）灭茬除草

这是免耕油菜高产的关键。可根据上一年田间杂草及前茬再生情况采取相应灭茬除草方法。目前用得较多的是在油菜移栽前3~5天，每亩用草甘膦250~300克兑水50千克在冷尾暖头、日平均气温5~10℃以上进行土壤表面喷雾。

（六）大田管理

亩施肥量为纯 N 16~20 千克、P_2O_5 10 千克、K_2O 8 千克、硼砂 1~1.5 千克，氮肥按底肥、苗肥、蕾薹 4：2：4 合理施用，磷钾硼作底肥；有杂草发生的田块可在移栽油菜成活后5~7天、直播油菜3~5叶期进行化学除草；长江流域免耕油菜要避免渍害，雨后清沟，其他产区油菜要预防干旱；在初花期做好菌核病的防治。

（七）适时收获

适宜收获时间约在油菜终花后30天左右。以全田有2/3的角果呈黄绿色、主轴中部角果呈枇杷色、全株仍有1/3角果显绿色时收获为宜。采用机械收获的田块其收获时间应推迟3~5天。油菜适宜收获期较短，要掌握好时机，抓紧晴天抢收。

第九章 杂粮作物绿色高产高效种植技术

第一节 高粱绿色高产高效种植技术

一、高粱生长环境条件及特点

（一）高粱的生长环境条件

高粱是一种适应性较广的作物，能够在不同的气候条件下生长。但是，为了获得最好的产量和品质，高粱栽培需要满足以下环境要求：

1. 温度

高粱是喜温作物，全生育期适宜温度为 20~30℃。在温度低于 10℃ 的环境下，高粱生长会受到抑制，因此种植高粱的最低温度应在 10℃ 以上。

2. 日照

高粱是短日照作物，至少需要 6~8 小时的阳光照射。在种植高粱时，选择阳光充足的地区和适当的种植季节非常重要。

3. 土壤

高粱对土壤要求不严苛，可以适应多种土壤类型。但较适宜的土壤类型是疏松、肥沃、排水良好的壤土或砂壤土，土壤的 pH 为 5.5~8.0。

4. 水分

高粱对水分的需求较高，特别是在生长期间和抽穗期。确保土壤保持适度的湿润，但避免过度浇水造成积水。在缺水的情况下，高粱的产量和品质可能会受到影响。

（二）高粱的生长发育特点

在高粱的整个生育期间，根据植株外部形态和内部器官发育的状况，可分为苗期、拔节期、抽穗开花期和灌浆成熟期。

1. 苗期

高粱从种子萌发到拔节前为苗期。在这个阶段，种子经过休眠后开始发芽，并逐渐长出根系和叶子。苗期是高粱的营养生长期，主要依靠种子自身储存的营养来生长，此时植株较小，生长速度较慢。

2. 拔节期

在这个时期，穗分化开始，植株从纯粹的营养生长阶段进入营养生长与生殖生长并进的阶段。拔节期是高粱生长的一个重要转折点，此时植株开始迅速增高，同时节间伸长，形成茎秆。这个阶段需要适宜的温度和光照条件，以保证高粱的正常生长。

3. 抽穗开花期

旗叶展开后，穗从旗叶鞘抽出，称为抽穗。随后花序自上而下陆续开花。抽穗开花期是高粱生殖生长的重要阶段，此时全株的营养生长基本结束，生殖生长仍旺盛进行。抽穗开花期需要充足的光照和水分，以保证高粱的正常开花和授粉。

4. 灌浆成熟期

开花授粉后 2~3 天籽粒即开始膨大，进入灌浆期。灌浆期是高粱籽粒形成的关键时期，需要充足的光照、温度和水分来促进籽粒的形成和充实。当种脐出现黑层、干物质积累终止时，即达到生理成熟。

二、高粱种植关键技术

(一) 种子准备

1. 良种选择的原则

（1）根据生育期选用良种。良种的生育期必须适合当地的气候条件，既能在霜前安全成熟，又不宜太短，应充分利用生长季节，提高产量。

（2）根据土壤、肥水条件选用良种。肥水条件充足的地块，宜选用耐肥水、抗倒伏，增产潜力大的高产品种。反之，贫瘠干旱地块，宜选抗旱耐瘠，适应性强的品种。

（3）根据用途选用良种。如食用、饲用、酿酒用等，分别选用专用高粱品种。如用于酿酒可选晋杂 23 等。

2. 优质种子

所选用品种的种子质量要达到二级以上。最好用包衣种子。采用种子包衣技术进行种子处理，将微肥、农药、激素等通过包衣剂包裹在种子上，可起到保苗、壮苗和防治病虫的作用。

(二) 土壤准备

1. 高粱生长发育对土壤的要求

高粱对土壤的适应性较强，但喜土层深厚、肥沃、有机质丰富的壤土。其最适 pH 为 6.2~8.0，故有一定的耐盐碱能力。耐盐碱能力低于向日葵、甜菜，但高于玉米、小麦、谷子和大豆。

2. 轮作倒茬

高粱不能重茬。一是因为高粱吸肥能力强，消耗土壤养分多，特别是土壤中的氮素养分消耗多，导致土壤肥力下降；二是病虫害严重，尤其黑穗病严重。几种黑穗病的发生使土壤中的病原孢子增多，容易侵染种子而使高粱发病。故须轮作倒茬。高粱对前茬要求不太严格，如大豆、棉花、小麦都可以是高粱的良好前茬。

（三）肥料准备

1. 高粱的需肥规律

高粱是需肥较多的作物，在整个生育过程中需要吸收大量的养分。施肥应考虑高粱不同生育时期对养分的需要，还要结合当地具体条件，做到经济合理施肥。高粱对氮、磷、钾的需求比例为 1 : 0. 52 : 1. 37。高粱在不同生育时期，吸收氮、磷、钾的速度和数量是不同的，一般苗期生长缓慢，需要养分较少，苗期吸收的氮为全生育期的 12. 4%、磷为 6. 5%、钾为 7. 5%。拔节至抽穗开花，茎叶生长加快，吸收营养急剧增加，吸收的氮为全生育期的 62. 5%、磷为 52. 9%、钾为 65. 4%，该阶段是需肥的关键期。开花至成熟，植株吸收养分的速度和数量逐渐减少，吸收的氮为全生育期的 25. 1%、磷为 40. 6%、钾为 27. 1%。

2. 施肥

（1）基肥。高粱有耐瘠性，但如基肥充足，可使高粱生长健壮，产量高，故须在秋深耕时施入基肥，或结合播前整地施足基肥，保证苗齐、苗全、苗壮。基肥数量大时，在耕翻前撒施；数量小时条施。基肥结合秋深耕施用较春施效果好，因为肥料腐熟分解时间长，利于肥土相融，促进养分转化，并可避免春季施肥跑墒。基肥一般以农家肥为主，化肥为辅。

（2）种肥。种肥用量不宜过多，避免局部土壤浓度过大，影响种子发芽。种肥施用时要注意种、肥隔离。

（四）播种时期

适期播种是保证一次播种保全苗，争取高产丰收的重要技术环节。高粱的播种期主要受温度、水分、品种的影响。高粱播种过早对保苗、壮苗都不利。高粱发芽的最低温度为 7～8℃，当 5 厘米地温稳定在 10～12℃、土壤含水量达最大持水量的 60%～70% 时开始播种较适宜，与此同时还要根据土壤墒情具体安排，

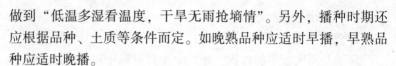

做到"低温多湿看温度，干旱无雨抢墒情"。另外，播种时期还应根据品种、土质等条件而定。如晚熟品种应适时早播，早熟品种应适时晚播。

（五）播种方法

1. 播种方法

高粱的播种方法有两种：首先是等行距条播，行距一般为50~60厘米；其次是大垄双行种植。

2. 提高播种质量

高质量的播种要求播量适宜，下种均匀，播行齐直，播深合适。其中播种深浅影响最大。播种过深，根茎生长消耗种子营养多，幼苗细弱，生长缓慢；播种过浅，易使种子落干，出苗不齐不全。

播种量应根据品种、留苗密度、种子质量、播期和播种方法等而定。一般出苗与留苗数之比为5:1较为适当。

播后要及时镇压保墒，压碎土块，减少大孔隙，使种子与土壤密接，促进种子吸水发芽。

（六）田间管理

1. 苗期管理

（1）破除板结。出苗前，如田面因雨形成板结影响出苗，可用轻型钉齿耙破除板结，耙地深度以不超过播种深度为限，以免土壤干燥影响发芽。

（2）间苗、定苗。一般3叶间苗，4叶定苗，如病虫害严重时，5叶定苗。

（3）中耕。中耕是促根壮苗的有效措施，一般在拔节前进行2次，第1次结合定苗浅锄5~7厘米，防止埋苗。第2次在拔节前深锄13~17厘米，切断浅土层中的分根，促使新根大量发生，并向下深扎，增强吸收力，使植株矮壮敦实，叶肥色浓。对于秆高易倒伏的杂交高粱，可在拔节前多进行深中耕，控制生长。

（4）蹲苗。蹲苗是适当控制苗期地上部生长，促进根系发育，培育壮苗，防止后期倒伏。方法是在地肥墒足、叶绿苗壮的前提下不追肥浇水，只进行中耕，控制地上茎叶徒长。蹲苗一般从定苗开始到拔节前结束，经历 15~20 天。

2. 拔节孕穗期管理

（1）重追拔节肥。拔节至抽穗是高粱需肥最多，发挥作用最大的时期，追施速效氮肥可获得增产效果。高粱追肥采用前重后轻的原则，一般拔节期，即 7~8 个展叶时施肥 2/3 以攻穗，孕穗期，即 13~14 片叶时施肥 1/3 以攻粒。

（2）适时浇水。高粱虽有抗旱能力，但拔节后，气温高生长快，蒸腾作用旺盛，抗旱能力减弱，同时地面水分蒸发量也增大。因此拔节孕穗期，应在追肥后根据降雨情况，适时浇水，使土壤水分保持田间最大持水量的 60%~70%。

（3）中耕培土。拔节孕穗期追肥浇水后，应及时进行中耕。一般在拔节、孕穗期各进行一次，深 7 厘米左右，并进行培土，对拔节过猛的，在拔节期追肥浇水后深中耕 10~13 厘米，控制茎秆生长，防止后期倒伏。

3. 抽穗结实期管理

（1）浇灌浆水。开花灌浆期高粱仍需足够的水分，此期土壤水分宜保持最大持水量的 50%~60%，如遇干旱，还须适量灌水，以防叶旱枯。

（2）看苗追肥。高粱抽穗以后，如有上部叶片颜色变淡，下部黄叶增多，出现脱肥的田块，可酌施少量"攻粒"肥，但肥量不宜过多，防止贪青晚熟，也可根外喷 1% 尿素水，有防早衰增粒的作用。

（3）浅锄。在无霜期短的地区，高粱成熟期常出现低温，造成贪青晚熟，以致遭受霜害，或因低温诱发炭疽病而减产。因此，在乳熟期浅中耕，既可提高地温，促进成熟，使籽粒饱满，又能清除田间杂草，多纳秋雨，为后茬作物的播种创造良好条件。

（4）适当使用生长调节剂。对高粱起促熟增产作用的植物激素主要有乙烯利、三十烷醇等。

三、高粱高产高效生产技术

（一）整地

高粱不宜重茬，一般选大豆、玉米等茬口，需注意前茬除草剂使用情况，避免药害。在秋季前茬收获后抓紧整地（起垄），蓄水保墒。春整地的，耕翻后适度晾晒再整地耙耱，保墒提温。一般耕地深度20～30厘米，深翻处理，有条件的提倡结合深翻每亩施用3 000千克农家肥。也可土地翻、耙、种一次完成，充分利用土壤底墒，保证出苗。

（二）种子处理

根据用途选用通过国家或省级审（认）定的、适应性好、抗逆性强、品质优良的专用高产品种。品种应适合当地气候、土壤条件，夏播高粱宜采用早熟或中熟品种；雨量充沛地区宜选择中散穗型品种；机械化收获的宜选择矮秆品种。谨防购买夸大宣传、跨区引进的品种。播前晒种，一般在户外阳光下平铺种子3～5厘米厚，晒4天。有条件的进行包衣或拌种处理，根据本地区病虫害发生特点，科学选择种衣剂，预防地下害虫、丝黑穗病等病虫害。

（三）适时适量播种

依据当地年有效积温及高粱品种生育期等确定播期，一般10厘米耕层地温稳定在12℃左右，土壤含水量在15%～20%播种，春播区忌早播。西南地区采用育苗移栽的，适时早栽。苗龄25～30天，最迟不超过35天雨后抢墒或灌足水后移栽，栽后施清粪水。因地制宜确定密度，粒用高粱密度一般7 000～12 000株/亩，特殊品种20 000株/亩，亩播量约1.0千克左右。青饲青贮高粱适当调整。精量机播时要做好清选，保证种子大小均匀、一致，亩播量可0.5～0.75千克。一般在4～6叶期人工间苗，精量播种地块可不间苗。

(四)　肥水管理

可清种高粱或与大豆、花生、食用豆等作物间作，提倡宽窄行栽培，宽行60～70厘米，窄行40～50厘米。干旱地块采取免耕播种或平播、垄沟播种等方式，适当深播浅覆土；也可采用地膜覆盖、膜下滴灌、"坐水"播种或浇水增墒播种等抗旱节水措施。低洼地块提早起垄散墒，垄上播种，适当晚播。分期施肥，以增施基肥，施足种肥，适时追肥为原则，一般亩施农家肥3 000千克，化肥用量折合纯N 11～13千克、P_2O_5 5～8千克、K_2O 3～5千克，并根据当地土壤情况和目标产量适当调整。农家肥作底肥，磷肥、钾肥及全部氮肥的30%结合播种一次性施入，注意种、肥分开；氮肥的60%做拔节肥，10%做粒肥。若采用一次性施肥方式，肥料要长效短效结合。

(五)　加强监测预警

密切关注气象信息，加强灾害性天气的预防，及早制订相应的应急处置预案，确保植株正常生长发育，特别注意防范早春低温冷害和秋季早霜。加强病虫草害防控，关注丝黑穗病、靶斑病、炭疽病、螟虫、蚜虫、黏虫等常见病虫害，通过轮作倒茬、抗病品种、种子处理、适时播种、适宜药剂等防治。春播高粱区重点关注丝黑穗病、玉米螟，夏播高粱区重点关注蚜虫、玉米螟，南方高粱区重点关注炭疽病，注意早防早控。做好田间杂草防除，在播后苗前喷施高粱专用除草剂封闭除草。一般不建议苗后化学除草，必须情况下可在 5~8 叶期前后施用高粱专用除草剂除草，注意根据使用说明确定施用剂量和时期。

（六）适期收获

蜡熟末期是高粱适宜收获期，此时收获籽粒饱满，产量最高，米质最佳。机收可使用联合收割机，在穗下部籽粒内含物硬化成蜡质状、含水率降至 20% 左右时收获，降低损耗。食用高粱要适当早收，蜡熟末期即可收获。南方区春播高粱收获期一般在7 月，高温多雨，应注意及时收获，抓紧晾晒。

第二节　谷子绿色高产高效种植技术

一、谷子生长环境条件及特点

（一）谷子的生长环境条件

1. 光照

谷子是一种喜温作物，喜欢温暖潮湿、阳光充足的环境，适合在阳光下生长。

2. 温度

谷子在不同生育期对温度的要求不同。种子萌发最低温度为12~14℃，最适温度为 25~30℃；拔节期适宜温度为 18~22℃；抽穗期为 25~30℃；灌浆期为 22~25℃。

3. 土壤

谷子对土壤的适应性较广，适合在各种类型的土壤中生长。但是，为了获得高产和优质的产品，应选择土壤肥沃、土层深厚、排水良好的地块。

4. 水分

谷子在不同的生育期对水分的需求不同。在播种前应确保土壤湿润，因为在萌发期需要充足的水分来促进种子萌发。在拔节期和抽穗期，应保持土壤湿度适中，以便植株正常生长。在灌浆期，应保持土壤湿润，以利于籽粒形成和充实。

5. 营养

谷子需要充足的营养来支持其生长。在播种前应施用适量的基肥，以提供足够的养分。在生育期间，应根据植株需求及时追施化肥，以满足其对营养的需求。

（二）谷子的生长发育特点

谷子由种子萌发至成熟称全生育期。全生育期可分为幼苗期、分蘖拔节期、孕穗期、抽穗开花期、灌浆成熟期 5 个阶段。

1. 幼苗期

从种子萌发出苗到分蘖，经历的时间因播种季节和品种而异，一般为 25～30 天。在幼苗期，谷子植株开始生长，吸收和积累营养物质，为后续的生长打下基础。

2. 分蘖拔节期

从分蘖到拔节，春谷为 20～25 天，夏谷为 10～15 天。在这个阶段，谷子植株开始迅速增高，同时节间伸长，形成茎秆，需要适量的水分和光照条件，以保证正常的生长。

3. 孕穗期

从拔节到抽穗，春谷需 25～28 天，夏谷经历 18～20 天。在这个阶段，谷子植株的根、茎、叶等器官快速生长，同时孕穗期也是谷子对养分需求的重要时期。

4. 抽穗开花期

自抽穗经过开花受精到籽粒开始灌浆，春谷经历 15～20 天，夏谷经历 12～15 天，是开花结实的决定期，是谷子一生对水分、养分吸收的高峰时期，要求温度最高，怕阴雨、怕干旱。

5. 灌浆成熟期

自籽粒灌浆开始到籽粒完全成熟，春谷经历 35~40 天，夏谷经历 30~35 天，是籽粒质量决定时期。

谷子的生长发育过程是一个连续不断的过程，每个阶段都有其特定的生长发育特点和要求。了解谷子的生长发育过程有助于种植者更好地掌握其生长发育规律，采取适当的栽培管理措施，提高谷子的产量和品质。

二、谷子种植关键技术

（一）良种选择

要根据市场需求，兼顾规模化、机械化生产要求，选择适宜当地种植的品种。一般选择在当地试验示范中表现好的优质、抗倒、耐旱、抗病高产良种，且兼具抗除草剂、株高适宜、谷码松紧适中等特性的品种。由于谷子是光温反应敏感作物，需避免不同产区之间盲目引种。确需跨区引种，要进行品种适应性试验鉴定。

（二）精细整地

注意轮作倒茬，选地时以麦、豆前茬为好。播种前要精细整地，通过旋耕、耙耱、镇压等措施，做到播种地块上虚下实。对于秋冬季雨雪少干旱严重的地区，可待降雨后整地，趁墒播种，有条件的地区可以结合整地灌底墒水，确保苗全苗壮。对于秋冬季雨雪较多的地区，春季土壤墒情较好时，可免耕保墒播种。夏播谷子产区，应尽量低留前茬，前作茬较高时可采用灭茬机进行 2 遍以上灭茬，然后整地待种。

（三）科学施肥

谷子施肥基本原则是以底肥为主，追肥为辅，重施底肥，尽量少追肥。底肥一般以农家肥或有机肥为主，也可用二铵等复合型化肥代替。东北和西北产区，一般亩施农家肥 2 000~3 000 千克、纯 N 8~10 千克、P_2O_5 8 千克左右。地膜覆盖地块应施足底肥，有条件地区可亩增施 3 000 千克农家肥或 300~500 千克生物有机肥，最好亩底施 40~50 千克缓释配方肥或 50~60 千克氮磷钾复合肥。华北夏谷区，谷子生育期短，生长发育快，一般亩施纯 N 8~10 千克、P_2O_5 8 千克左右，可用播种施肥一体机在播种时直接施足底肥。

（四）适期播种

谷子播期要根据品种、地温和土壤墒情等确定。东北和西北无霜期短的冷凉区，一般 4 月 20 日左右开始播种；气候比较温暖的地区，5 月上中旬播种，最迟不能晚于 5 月底。夏播区适宜播期为 6 月初至 6 月底，夏谷播种不宜太早，以避免病毒病危害加重。土壤墒情好的地块，可适时播种；土壤墒情差的地块，可抢墒播种。播种前应进行晒种或用药剂拌种。东北春播区，一般采用条播机露地平播或配套覆膜播种一体机地膜覆盖播种，等行距种植行距 50 厘米左右，宽窄行种植宽行行距 60 厘米，窄行行距 40 厘米。西北冷凉春播区和干旱区，一般选择微垄膜侧沟播或者全膜覆盖种植，采用配套覆膜播种一体机播种，并可结合滴灌、喷灌等节水栽培技术。雨量、热量较好的夏播地区，可选用条播施肥一体机直接贴茬免耕播种，宜将行距加大至 50 厘米左右，以利于中耕机械操作。

（五）合理密植

根据品种特点、水肥条件、播种方式等确定种植密度，通过控制适宜播量和间苗管理，确保合理密植。采用精量播种，一般每亩播量 0.2~0.35 千克，播后无需间苗。无法精量播种的，一般亩播量 0.5~0.75 千克，播后采用人工间苗或化学间苗达到合理群体。东北春谷区，亩基本苗 2.5 万~4 万株；西北春谷区，亩基本苗 2.5 万~3.5 万株；华北夏谷区，亩基本苗 4 万~5 万

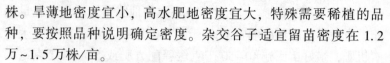

株。旱薄地密度宜小，高水肥地密度宜大，特殊需要稀植的品种，要按照品种说明确定密度。杂交谷子适宜留苗密度在1.2万~1.5万株/亩。

（六）加强管理

1. 出苗后镇压

谷子出苗后，苗眼表土层被小苗拱成松散发堨，易透风，此时期气温升高快，多风少雨，地表蒸发量大，容易出现地暄，透风死苗现象多，特别是岗地或平岗地，常由于地堨、风扒而造成严重的缺苗断条，当前防止地暄死苗的最有效的办法是在谷子出苗后踩压（俗称"踩仰脸格子"）增加土壤紧密度，垅作谷子可用人工踩或用胶皮车轮镇压，可有利于地下水上升，防止死苗，一般在谷子3叶期前进行。

2. 间苗定苗

早间苗、留匀苗是促进谷子壮苗的一种较好的办法，一般来说，在谷子3叶期后至5叶期前进行间苗，俗语有"谷子间寸，顶上粪"之说，在间苗时要比预定留苗多20%~30%，因为在农业生产实践中有"春留十成苗、秋收八成年"的经验。在谷子6~8片叶时清苗，达到留苗均匀一致。

3. 中耕除草

在出苗期和拔节期进行中耕除草，可以疏松土壤、保持土壤墒情、促进根系发育和防止杂草竞争养分。

4. 合理灌水

根据谷子的生长情况和土壤的湿度，及时进行灌溉，保证土壤湿度适宜。一般情况下，谷子在播前需要灌水1次，有利于全苗；在拔节期灌水能促进植株增长和幼穗分化；孕穗期、抽穗期灌水有利于抽穗和幼穗发育；灌浆成熟期灌水有利于籽粒形成。

5. 适期追肥

施肥以底肥为主，因地制宜适当追肥。露地栽培的可在谷子封垄前结合中耕培土追施 15 千克左右尿素，开花灌浆期可叶面喷施钾肥。

6. 防治病虫

通过采用抗病虫品种和轮作倒茬等农业措施，实施药剂拌种或种子包衣，降低病虫害发生。在病虫害发生后，选用低毒高效农药进行防控，建议选用真菌类、病毒类和细菌类微生物杀虫剂，推广应用植物源农药和植物生长调节剂等。

（七）收获与贮藏

1. 适期收获

谷子成熟的标准是谷子中下部籽粒外壳呈灰白色（俗称"谷子挂灰"），籽粒全部变硬，说明已全部成熟。收获谷子，可选用联合收割机收获或采取分段机械收割脱粒。一般平原区可采用切流式联合收获机收获，丘陵山区地块可采用分段收获，先割倒晾晒再脱粒。

2. 贮藏

收获的谷子具有一定的生命力，不仅能进行呼吸，而且对水分的吸附能力也较强。因此，在贮藏期间，要注意降低温度和水分，抑制谷子呼吸作用，减少微生物的侵害。

谷子的贮藏方法有两种：一是干燥贮藏，在干燥、通风、低温的情况下，谷子可以长期保存不变质；二是密闭贮藏，将贮藏用具及谷子进行干燥，使干燥的谷粒处于与外界环境条件相隔绝的情况下进行保存。

三、旱地谷子高产栽培技术

（一）选地整地

1. 选地倒茬

谷子不宜连作重茬，必须进行合理轮作倒茬。谷子较为适宜的前茬依次是马铃薯、大豆、玉米等，使用过氯嘧磺隆的地块不宜种植，否则会严重抑制谷子的生长。谷子属耐旱、怕涝、抗瘠薄作物，喜欢岗地和地势较高的地块，对土壤要求不十分严格，除涝洼地、砂土地外均可进行种植。谷子要实现高产，最好选择土壤有机质含量高、地势平坦、排水良好、黑土层较厚、土质疏松的地块，进行合理轮作。

2. 精细整地施肥

地块选好后要精细整地，整平耙细，为谷子出苗创造条件。整地要求早动手，秋翻秋整地的地块，应在4月上旬及时拖耙镇压以待播种。春整地的地块，在土壤化冻一犁深时应及早翻耙起垄，做到旋、耙、起、压连续作业，基肥以农家肥为主，在播种前实行破垄夹肥，或结合深耕整地一次施入。4月上中旬结束整地，达到待播状态。

（二）品种选择与种子处理

1. 品种选择

应选用优质、抗逆性强的高产新品种，如选用丰产性、商品性、营养性均好的优良品种张杂谷6号、龙谷25、大金苗及赤谷4、赤谷6、赤谷8等。

2. 种子处理

播种前做好种子处理，对种子进行盐水选、风筛选，清除杂物、草籽、秕粒等，将种子阴干后再用药剂处理。

一般亩用种量为0.5千克，用50%多菌灵可湿性粉剂按种子重量的0.5%拌种，可防治粒黑病；用35%甲霜灵种子处理干粉剂按种子重量的0.3%~0.5%拌种，可防治谷子白粉病；用种子重量的0.1%~0.2%的辛硫磷闷种，可防治地下害虫。

（三）适期早播

谷子种子发芽最适温度12~14℃，最低温度7~8℃，幼苗不耐低温,因此确定播期要因地制宜。当气温稳定通过7℃时开始播种,主要是抢墒播种,兴安盟地区最适宜的播期为4月20—30日。同时应提高播种质量,对底墒较好、表墒较差的地块,推掉干土,把种子播在湿土上;对土壤墒情较差地块,在播前1~2天闷湿有机肥,并施入土壤中,借墒播种。选晴好无风天气播种,机械开沟深施种肥,一般每亩施磷酸二铵10~15千克、尿素5千克,可促谷苗早生快发。播后覆土镇压一条龙连续作业,覆土厚度3厘米左右,且要均匀一致。

(四) 田间管理

1. 早补苗、压苗

谷子刚出苗时,发现断条严重,可用温水浸泡种子,然后拌药闷种催芽,待胚芽突破种皮立即播种。谷苗略大时,对缺株少的田块可利用雨天进行移栽补苗。

2. 早间苗定苗

由于谷子播量大,群体密度高,相互争夺养分,应及时间苗定苗,以防止苗荒,因此一般要求早间苗。当苗高3厘米时开始间苗,即拿上手就间苗;幼苗在3~5叶、高5~6厘米时进行定苗,株距8~9厘米,留单株、拐子苗,以利于分蘗。

3. 合理密植

根据地势和土壤肥力进行合理密植,坡地、肥力低的地块密度小些,平地、肥力高的地块密度大些;坡地、肥力较差地块,每亩保苗3万株左右;一般平地、肥力较高地块,每亩保苗3.5万株左右,建立合理的群体结构。

4. 肥水管理

谷子是较耐旱的作物,一般不用灌水,但在拔节孕穗和灌浆期,如遇干旱,应及时灌水,并追施拔节孕穗肥,亩施尿素

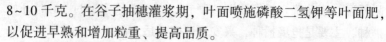

8~10千克。在谷子抽穗灌浆期，叶面喷施磷酸二氢钾等叶面肥，以促进早熟和增加粒重、提高品质。

5. 及时铲趟

结合间苗定苗要人工拔出杂草，并及时进行铲趟。在苗期、拔节孕穗期最好进行两次以上铲趟，结合铲地铲除杂草，趟地时培土量以不压谷苗为准。

（五）病虫草害防治

1. 锈病

谷子生长发育后期如遇多雨高湿，应及时防治锈病。在谷子扬花期或灌浆期，当叶片零星发生锈病时，每亩用25%三唑酮可湿性粉剂15克，兑水15千克，对谷子全株进行喷雾防治。

2. 红蜘蛛

干旱时注意防治红蜘蛛，每亩用15%哒螨灵乳油15克，兑水15千克，进行叶背喷雾防治。

3. 化学除草

播后苗前施药，防除禾本科杂草和阔叶杂草，每亩用50%扑草净可湿性粉剂50克，兑水40~50千克，均匀喷雾土表；或用50%扑灭津可湿性粉剂150克，兑水40~50千克，均匀喷雾土表防除杂草。

出苗后施药，防除阔叶杂草，每亩用72% 2,4-滴丁酯乳油40~50毫升，兑水30~40千克，在谷苗4~5叶期、阔叶杂草大部出齐时喷雾防治。

（六）适时收获

谷子收获过早或过迟，均会降低品质，并影响产量，应在最适期及时收获。一般蜡熟末期或完熟初期，为最佳收获期。谷子脱粒后应及时晾晒，清选后入库。

第三节 绿豆绿色高产高效种植技术

一、绿豆生长环境条件及特点

(一)绿豆的生长环境条件

1. 温度

绿豆是喜温作物,表土温度平均稳定在 15~16℃ 时即可播种,在 20℃ 时可以萌发,温度低为 14℃ 时发芽就会缓慢,在 30~40℃ 时发芽的速度是最快的,但是幼苗会比较弱,最高可在 42℃ 时出苗。最适温度为 15~25℃,发芽迅速,发芽率也高。幼苗对低温有一定的抵抗力,真叶出现前抗寒力较强,短时间的春寒对幼苗影响不大,真叶出现后抗寒力减弱。

2. 光照

绿豆是短日照作物,对阳光照射并不严苛,具备耐阴的特点。但要完成绿豆种植超高产的目的,要给予充足的阳光照射,推动绿豆茎秆的植物光合作用,提高效益。

3. 土壤

绿豆虽然有一定的耐瘠性,但适合其生长发育的是高水肥地。因此,应选择地势高、耕作层深厚、富含有机质、排灌方便、保水保肥能力好的地块种植。为了减少病虫害发生,切忌重茬连茬,或以大白菜、油菜、芝麻及豆类作物地块作前茬。一般中等肥力的田块种植,沙壤、轻砂壤土均可,要求远离工厂以防止污染(一般直线距离在 500 米以上)。

(二)绿豆的生长发育特点

绿豆的生长发育可以大致分为 4 个时期。

1. 幼苗期

从出苗到出现分枝为幼苗期,15~25 天。这个时期是从种子

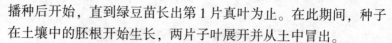

播种后开始，直到绿豆苗长出第 1 片真叶为止。在此期间，种子在土壤中的胚根开始生长，两片子叶展开并从土中冒出。

2. 分枝期

自第 1 分枝形成到第 1 朵花出现为分枝期，15~35 天。在分枝期，绿豆植株开始长出分枝和叶片，形成初步的株型。这个时期，绿豆植株需要足够的养分和水分来支持其生长，因此需要适当的施肥和浇水。

3. 开花结荚期

从第 1 朵花出现到大部分植株 70% 以上花朵开放并见到小荚为开花结荚期，15~25 天。

4. 鼓粒成熟期

从豆粒开始灌浆到达籽粒最大体积为鼓粒期，此期应增强光合产物向籽粒运输能量，加强灌浆速度。当大部分植株的豆荚 70% 变成黑色或褐色时为成熟期。

二、绿豆种植关键技术

（一）选用良种

因地制宜选用高产、优质、抗病、抗逆性能强、丰产性状好的品种。根据地方特点选用地方优良品种。

（二）整地施肥

绿豆的氮素营养特点和需肥规律，结合绿豆种植区的土壤肥力、气候条件、耕作制度等情况，在施肥技术上应掌握如下原则：以有机肥料为主，有机肥与无机肥结合；增施农家肥料，合理施用化肥；在化肥的使用上掌握以磷为主，磷氮配合，重施磷肥，控制氮肥，以磷增氮，以氮增产；在施肥方式上应掌握基肥为主，追肥为辅，有条件的进行叶面喷肥。此外，肥地应重施磷钾肥，薄地应重施氮磷肥。具体施肥技术如下。

1. 基肥

绿豆的基肥以农家肥料为主。农家肥料包括厩肥、堆肥、饼肥、人粪尿、草木灰等，基肥的施用方法有 4 种：一是利用前茬肥；二是底肥，犁地以前撒施掩底；三是口肥，犁后耙前撒施耙入地表 10 厘米土层内；四是种肥，播种时开沟条施。

2. 追肥

绿豆追肥的时间和方法应根据绿豆的营养特性、土壤肥力、基肥和种肥施用的情况以及气候条件来确定，绿豆追肥一般在苗期和花期进行。

（1）苗肥。在地力较差、不施基肥和种肥的山冈薄地，应在绿豆苗期抓紧追施磷肥和氮肥。时间掌握在绿豆展开第 2 片真叶时，结合中耕，开沟浅施，亩施尿素 10 千克或复合肥 10~15 千克。

（2）花肥。绿豆花荚期需肥最多，此时追肥有明显的增产效果。氮肥施用量每亩 5~8 千克尿素为适宜。肥料可在培土前撒施行间，随施随串沟培土覆盖，或开沟浅施。

3. 叶面喷肥

在绿豆开花结荚期叶面喷肥，具有成本低、增产显著等优点，是一项经济有效的增产措施。方法是：在绿豆开花盛期，喷洒专用肥，第 1 批熟荚采摘后，每亩再喷 1 千克 2% 的尿素和 0.3% 的磷酸二氢钾溶液，可以防止植株早衰，延长花荚期，结荚多，籽粒饱满，可增产 10%~15%。在花荚期叶面喷洒 0.05% 的钼酸铵、硫酸锌等微量元素，一般可增产 7%~14%。

（三）种子处理

1. 晒种、选种

在播种前选择晴天，将种子薄薄摊在席子上，晒 1~2 天，要勤翻动，使之晒匀，切勿直接放在水泥地上暴晒。选种，可利

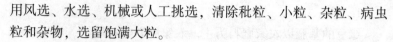

用风选、水选、机械或人工挑选，清除秕粒、小粒、杂粒、病虫粒和杂物，选留饱满大粒。

2. 处理硬实种子

一般绿豆中有 10% 的硬实种子，有的高达 20%~30%。这种种籽粒小，吸水力差，不易发芽。播前对这类种子处理方法有 3 种：一是采用机械摩擦处理，将种皮磨破；二是低温处理，低温冷冻可使种皮发生裂痕；三是用密度 1.84 克/厘米³ 浓硫酸处理种子，种皮被腐蚀后易于吸水萌发，注意处理后立即用清水冲洗至无酸性反应。以上 3 种处理法，都能提高种子发芽率到 90% 左右。

3. 拌种

在播种前用钼酸铵等拌种或用根瘤菌接种。一般每亩用 30~100 克根瘤菌接种，或用 3 克（钼酸铵）拌种，或用种量 3% 的增产菌拌种，或用 1% 的磷酸二氢钾拌种，都可增产 10% 左右。

（四）播种技术

1. 播种方法

绿豆的播种方法有条播、穴播和撒播，以条播为多，条播时要防止覆土过深，下种要均匀，撒播时要做到撒种均匀一致，以利于田间管理。

2. 播种时期

绿豆生育期短，播种适期长，但要防止过早或过晚播种，以免影响绿豆的生长发育和产量。一般 5 厘米处地温稳定通过 14℃ 即可播种。春播在 4 月下旬、5 月上旬，夏播在 6—7 月。北方适播期短，春播区从 5 月初至 5 月底；夏播区在 6 月上中旬，前茬收后应尽量早播。个别地区最晚可延至 8 月初播种。

3. 播量、播深

播量要根据品种特性、气候条件和土壤肥力，因地制宜。一般下种量要保证在留苗数的 2 倍以上。如土质好而平整，墒足，小粒型品种，播量要少些；反之可适当增加播量，在黏重土壤上要适当加大播量。适宜的播种量应掌握条播每亩 1.5~2 千克，撒播每亩 4 千克。间套作绿豆应根据绿豆株行数而定，播种深度以 3~4 厘米为宜。墒情差的地块，播深 4~5 厘米；气温高浅播些；春天土壤水分蒸发快，气温较低，可稍深些，若墒情差，应轻轻镇压。

（五）合理密植

适宜的种植密度是由品种特性、生长类型、土壤肥力和耕作制度来决定的。

1. 合理密植的原则

一般掌握早熟型密、晚熟型稀，直立型密、半蔓生和蔓生型稀，肥地稀、薄地密，早种稀、晚种密的原则。

2. 留苗密度

各种类型的适宜密度为：直立型品种，每亩留苗以 0.8 万~1.5 万株为宜；半蔓生型品种，每亩以 0.7 万~1.2 万株为宜；蔓生型品种，每亩留苗以 0.6 万~1 万株为宜。一般高肥水地块每亩留苗 0.7 万~0.9 万株，中肥水地块留苗 0.9 万~1.3 万株，瘠薄地块留苗 1.3 万~1.5 万株。间、套作地块根据各地种植形式调整密度。

（六）田间管理

1. 播后镇压

对播种时墒情较差、泥土块较多和沙性土壤地块，播后应及时镇压。做到随种随压，减少土壤空隙和水分蒸发。

2. 间苗定苗

在查苗补苗的基础上及时间苗定苗。一般在第 1 片复叶展开后间苗，第 2 片复叶展开后定苗。去弱、病、小苗，留大苗壮

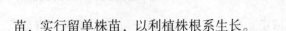

苗，实行留单株苗，以利植株根系生长。

3. 中耕培土

播种后遇雨地面板结，应及时中耕除草，在开花封垄前中耕3次。结合间苗进行1次浅锄；结合定苗进行2次中耕；到分枝期进行第3次深中耕并培土，培土不宜过高，以10厘米左右为宜。

4. 适量追肥

绿豆幼苗从土壤中获取养分能力差，应追施适量苗肥，一般每亩追尿素2~3千克，追肥应结合浇水或降雨时进行。在绿豆生长后期可以进行叶面喷肥，延长叶片功能期，提高绿豆产量。根据绿豆的生长情况，全生育期可以喷肥2~3次，一般第1次喷肥在现蕾期，第2次喷肥在第1批果荚采摘后，第3次在第2批荚果采摘后进行，一般喷肥根据植株生长情况，喷施磷酸二氢钾和尿素。

5. 适时灌水

绿豆苗期耐旱，3叶期以后需水量增加，现蕾期为需水临界期，花荚期达需水高峰。绿豆生长期间，如遇干旱应适时灌水。有水浇条件的地块可在开花前浇1次，以增加结荚数和单荚粒数，结荚期再浇1次，以增加粒重。缺水地块应集中在盛花期浇水1次。另外，绿豆不耐涝，怕水淹，应注意防水排涝。

6. 人工打顶

绿豆打顶摘心是利用破坏顶端优势的生长规律，把光合产物由主要用于营养生长转变为主要用于生殖生长，增加经济产量。据试验，绿豆在高肥水条件下进行人工打顶，可控制植株徒长。降低植株高度，增加分枝数和有效结荚数。但在旱薄地上不宜推广打顶措施。

（七）收获与贮藏

1. 适期收获

绿豆有分期开花、结实、成熟的特性，有的品种易炸荚，因此要适时收摘。过早或过晚，都会降低品质和产量。应掌握在绿豆植株上有 60%～70% 的荚成熟后，开始采摘，以后每隔 7 天左右摘收 1 次。采摘时间应在早晨或傍晚时进行，以防豆荚炸裂。采摘时要避免损伤绿豆茎叶、分枝、幼蕾和花荚。采收下的绿豆应及时运到场院晾晒、脱粒。

2. 贮藏

绿豆在贮藏期间一定要严格把握种子湿度，入库的种子水分要控制在 13% 以下，否则有可能因湿度太大引起霉烂变质，失去发芽能力。贮藏的方法很多，有袋装法、囤存法、散装法，不论采用哪种方法，都应做好细致的保管工作，经常检查种子温度、湿度和虫害情况。如果种子湿度太高，就应搬出晾晒，降低水分。如果发现有绿豆象危害，可采用如下方法防治：

（1）在贮藏的绿豆表面覆盖 15～20 厘米草木灰，可防止脱粒后的绿豆象成虫在储豆表面产卵，处理 40 天，防效可达 100%。

（2）绿豆存量较小的储户可采用沸水法杀虫。将绿豆放入沸水中停 20 秒，捞出晒干，杀死率 100%，且不影响发芽。

（3）用磷化铝熏蒸。每 250 千克绿豆用磷化铝片 3.3 克，装入小纱布袋内，塑料薄膜密封保存，埋入储豆中，防效率达 100%。

（4）马拉硫磷防治。将马拉硫磷原液用细土制成 1% 药粉，每 50 千克绿豆拌 0.5 千克药粉，然后密封保存，效果达 100%。

三、绿豆高垄栽培技术

（一）品种选择

选择根系发达、耐渍性较强、丰产潜力大、抗叶斑病的品种，如中绿 5 号、苏绿 2 号、冀绿 7 号等。

（二）重施基肥

绿豆起垄栽培后，追肥容易破坏垄的结构，所以绿豆一生所需的肥料尽量以基肥的形式施入。基肥应以有机肥为主，化肥为辅，每亩施腐熟有机肥 1 500~3 000 千克。施用化肥时必须注意化肥的施入量，由于垄作有利于根系发达，进而绿豆植株生长较旺盛，化肥过多很容易造成旺长，造成倒伏或不能正常进入生殖生长，最终影响产量。纯氮的施入量应根据土地肥力情况而定，一般每亩施 3~6 千克，并加施过磷酸钙 20 千克、硫酸钾 10 千克作基肥，整个生育期原则上不再进行根系追肥。

（三）起垄播种

起垄的主要目的是防涝，另外还有增加耕层土壤厚度、提高土壤通透性等作用，因此绿豆在垄作时应根据土壤状况选择不同的垄作方式。通透性差的黏性地块应选用单垄单行的播种方式，而通透性好、肥力较差的沙质地块应选用一垄双行的宽垄播种方式。单垄单行，垄距 50 厘米，垄宽 20 厘米，垄高 15 厘米，垄上播 1 行绿豆，绿豆行距 50 厘米，株距 15 厘米；一垄双行，垄距 1 米，垄宽 80 厘米，垄高 10 厘米，垄上播 2 行绿豆，绿豆行距 50 厘米，株距 15 厘米。

（四）及时间苗定苗

由于垄作田的受光面积较平作田大，所以垄作绿豆田苗期土壤温度较平作田高，绿豆生长迅速，间苗定苗一旦不及时，很容易形成"高脚苗"，影响分枝的形成及植株的抗倒伏能力。因此，间苗定苗一定要及早、及时。1 叶期间苗，2 叶期定苗。在苗期虫害发生较轻的田块定苗可以在 2 叶期以前完成。

（五）化学控制

绿豆垄作栽培集中了肥、热资源，一旦雨量充足，绿豆的营养生长就会加速进行，发生旺长的概率较大。因此，垄作绿豆，特别是土壤较肥沃的绿豆田在雨水充足时必须进行化控，化控应在分枝期和开花期进行。分枝期每亩用甲哌鎓 3 克加水 50 千克喷施，如植株已经出现旺长，基部节间较长，则可间隔 7～10 天，每亩用甲哌鎓 5 克加水 50 千克再喷 1 次。现蕾期可喷施 150 毫克/升的多效唑溶液，加速绿豆向生殖生长转化。

第四节 芝麻绿色高产高效种植技术

一、芝麻生长环境条件及特点

（一）芝麻的生长环境条件

1. 土壤

由于种子小，根系浅，最适合在微酸至中性（pH 6.5～7.5）的疏松土壤中种植，疏松土壤能协调水、肥、空气之间的供给矛盾，有利于根的伸展。

2. 积温

芝麻全生育期需积温 2 500～3 000℃，芝麻的发育在昼夜平均温度 20～24℃最为适宜。

3. 降水

芝麻全生育期内适宜降水量为 210～250 毫米。

4. 日照

芝麻全生育期都需要充足的阳光，充足的阳光能加强光合作用，有助于营养物质的积累，满足开花结实的需要，使果多粒饱，有利于油分的形成。

（二）芝麻的生长发育特点

芝麻生长周期通常为 70~120 天，具体时间因地区不同、气候不同、栽培方式不同而异。通常来说，芝麻的生长周期可分为以下几个阶段：

1. 发芽阶段

发芽需要较高的温度和湿度，一般为 5~10 天。

2. 生长阶段

芝麻繁殖生长期持续 40~60 天，此阶段为芝麻生长发育的关键期，也是产量形成的主要阶段。

3. 开花结果阶段

芝麻开花期为生长期后的第 40~70 天，结果期为花期后的 25~45 天。

4. 成熟采收阶段

芝麻在成熟期的果实色泽从绿变为黄，约在种植后 100 天左右即可采收。

二、芝麻种植关键技术

（一）播种

1. 精细整地

精耕细耙，达到地平土细、上虚下实、土厚墒好的要求。

2. 种子准备

晒种，风选，浸种。

3. 适时播种

春芝麻宜晚，夏芝麻宜早。春芝麻播种应在 5 月上中旬，夏芝麻在前作收获后抢时播种，越早越好，力争在 5 月下旬播完。

4. 播种方式

春芝麻大多采用条播，夏芝麻大多撒播。

5. 播种量

一般条件下，每亩播种量，撒播为 400 克，条播为 350 克，点播时为 250 克。

6. 移栽技术

在水肥条件好和劳力充足的地区，可实行育苗移栽。芝麻苗以 6 叶期（即 3 对真叶）现蕾前移栽较好。移栽时，小苗要带"老娘土"，大苗可将土轻轻抖掉。移栽前先在大田按行距开沟，按株距将芝麻苗埋好，然后浇 1 次水，天旱时隔 2~3 天再浇 1 次水。

7. 合理密植

单秆型品种的种植密度为 1.2 万株；分枝型品种应稀一些，但不得少于 0.6 万株。

（二）田间管理

1. 苗期管理

苗期的主要管理任务是：创造良好的环境条件，保证苗全苗匀，壮苗早发。

苗期的主要管理措施是：①破除板结、查苗补缺；②间苗、定苗；③早施苗肥；④中耕松土，芝麻开花前一般中耕 3 遍，即所谓的"紧三遍"，是芝麻中耕的关键；⑤注意排灌；⑥防治病虫害。

2. 花蒴期管理

花蒴期的主要管理任务是：力争延长有效花期，争取蒴多、蒴大，防倒伏、防早衰、防涝、防旱。

花蒴期的主要管理措施如下。

（1）重施花肥。芝麻进入开花期即开始大量吸收养分。因

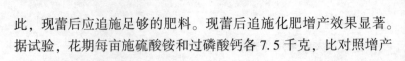

此，现蕾后应追施足够的肥料。现蕾后追施化肥增产效果显著。据试验，花期每亩施硫酸铵和过磷酸钙各 7.5 千克，比对照增产 10% 以上。

（2）中耕培土。花荫期勤中耕、浅中耕，能改善土壤透气性，有利于肥料分解，促使根系健康生长。进入花荫期后，在每次中耕的同时，要培土固根，防止倒伏。

（3）抗旱排涝。花荫期是芝麻一生中需水最多的时期，也是决定植株高矮的关键时期，对水分的反应非常敏感。此期已进入雨季，各地雨量分布不均，常出现间歇性旱涝灾害，对芝麻荫数、粒数、粒重都有很大的影响。因此，要做到适时浇灌和排水，保持土壤湿润疏松。

3. 后期管理

后期的主要管理任务是：保根护叶，力争荫大、粒饱、含油率高。

后期的主要管理措施是：①适时打顶。在芝麻生长后期，茎秆顶端生长衰退，由弯变直时，即所谓的"芝麻抬头"，是打顶适期；②保护叶片；③防旱排涝；④收获储藏。

三、芝麻绿色高产高效种植技术模式

（一）双茎栽培技术

双茎栽培是一种新型栽培方法，其主要原理是在苗期通过控制植株顶端生长，促使和诱导下部 1~2 对真叶腋中长出分枝，形成双茎或多茎，从而增加单位面积中上层株数以提高产量。

1. 选择优良品种

只有单秆型芝麻品种才能诱导保留叶腋芽萌发生长形成双茎。因此，双茎栽培必须选择单秆型早熟、高产的黑芝麻品种。

另外，由于幼苗摘顶心后，双茎生长有一个诱导过程，所以生育时期一般会延长 3~5 天。在品种选择上要利用早中熟、丰产性好的类型。

2. 选好地块

双茎栽培一般应选择中上等肥力地块。由于根系发达，茎秆数量多，中期需水量和需肥量均较大，瘦地不易发挥双茎增产潜力。

3. 抓"四早"促壮苗

"四早"即早播、早间苗、早定苗、早防治病虫害。针对双茎芝麻的营养生长期延长、生殖生长期相对缩短的特点，双茎栽培芝麻播种期应提早，一般为 4~6 天。夏播双茎栽培芝麻以 6 月上旬播种为宜，最迟不能晚于 6 月 15 日；如果播种质量差，幼苗不全不齐，长势较弱，摘尖时，就难以达到田间保留叶标准的一致性，摘尖后，新生茎芽生长速度慢，长出的茎枝细弱，会导致营养生长期再延长，甚至减少单株蒴果数，降低产量。因此，采用双茎栽培，不仅要适时早播，而且还要达到苗全、苗壮，为实现高产奠定基础。

常规栽培中提倡早间苗，即在芝麻出苗后 5~7 天进行间苗。当幼苗出现 3 对真叶时进行定苗，最晚不超过 4 对真叶出现。这些技术在双茎栽培中是同样适用的，定苗过晚必然影响适期摘尖（剪）诱导双茎。

芝麻苗期病虫害的防治，在双茎栽培中具有突出的意义。一般应在定苗前采用常规方法彻底防治地老虎，苗期彻底防治蚜虫，进入开花期应注意喷洒 50% 多菌灵或 70% 硫菌灵等农药灭菌 2~3 次，及时防治茎点枯等病害。

4. 合理密植

双茎栽培一般应在常规栽培种植株数的标准上，每亩适当减少 1 000~2 000 株。北方春芝麻每亩留双茎苗 9 000~10 000 株；5 月底播种的夏芝麻，双茎苗单秆品种留 7 000~8 000 株，分枝品种留 6 000 株左右；6 月上旬播种单秆品种可留苗 9 000~10 000 株，分枝品种双茎苗留 7 000 株左右，晚于 6 月 10 日以后播种的芝麻不宜进行双茎栽培。

5. 严格打顶

幼苗摘除主茎顶尖的时期和方法是芝麻双茎栽培技术的关键。打顶过早，易漏摘生长点，不能诱导出双茎；摘尖过晚，不仅浪费养分，而且还会延长营养生长期，甚至诱导出的双茎细而且弱小，生长慢，细弱的双茎使单株蒴果减少、变小，降低产量。春芝麻保留第 1 对真叶，夏芝麻保留第 2 对真叶。试验证明，这是打顶的最佳时间，诱导双茎率达 100%。具体时间是在春芝麻在第 2 对真叶半展开时，夏芝麻在第 3 对真叶半展开时，其时间约 1 周。在同一块地里，不论大苗或小苗，要么都保留第 1 对真叶，要么都保留第 2 对真叶。

打顶方法是双茎栽培技术中的重要环节。摘尖时，可用拇指与食指相对，摘去幼苗顶尖，切勿捏住顶尖向上拔提，这样容易将整株拔掉。为了提高工效，可使用镰刀，不损伤叶腋、叶生长点，必须在距保留叶节上方 3 毫米处削掉顶尖。但要注意削尖不要留得过长，因为留的茎节过长，往往会把主茎生长点留下，结果起不到削尖的作用。

6. 中后期管理

依据双茎栽培芝麻前期生长缓慢、中后期生育加速的生育特点和芝麻长势长相进行肥水管理。一般在施足基肥的基础上，在初花期追施速效氮肥，每亩施纯氮 1.5~3 千克。对生长过旺田块，应采取防倒伏措施。

进入开花期，遇旱浇水，以防落蕾落花、降低始蒴高度；盛花期后每隔 7~10 天于清晨或傍晚喷施 1 次 40%多菌灵 700 倍液，或 70%代森锰锌 700 倍液，防治叶茎部病害；后期喷施 0.3%~0.4%磷酸二氢钾、1%尿素混合液或 0.1%硼砂水溶液，以延长叶片功能期，增加有效蒴果数，提高千粒重；后期摘尖也是增加有效蒴果数和提高千粒重的有效措施。

一般春播双茎栽培芝麻在初花期 20~30 天，夏播双茎栽培芝麻在初花期 13~15 天摘除两茎 1 厘米顶尖，减少养分的无效消耗。

总之，芝麻双茎栽培是在常规栽培技术基础上实施的，因此，常规科学管理措施和原则均适用于双茎栽培，如地膜覆盖技术、施肥技术、浇水排涝等。

（二）北方"深种浅出"抗旱种植技术

北方芝麻主产区十年九春旱，播种芝麻时土壤墒情不够，芝麻难以保苗。在同样土壤水分条件下使用"深种浅出"种植技术，可以提高出苗率 50%以上，为东北芝麻高产稳产的重要措施之一。

1. 及早整地

北方芝麻产区春旱严重，应抓住墒情及早整地作垄，及时镇压保墒，提倡秋整地秋作垄或顶凌整地；结合整地每亩可施氮磷钾复合肥 20~30 千克。

2. 科学播种

采用"深种浅出"技术，垄作条件下机械播种，一般垄距 50~60 厘米，垄上条播，播深 3~5 厘米，播种后用犁扶高垄（即为深种），防风保墒；播种后 5~8 天，当芽长 1~1.5 厘米时拨去种子上覆土（即为浅出），实现一播全苗。

3. 病虫草害防控

播种时随种撒施辛硫磷毒土防治地下害虫。

4. 田间管理

春季出苗后 2 对真叶间苗，5 对真叶定苗，定苗稍晚以利于抗御风沙。初花期追施尿素 10 千克/亩,注意防治病虫害。

5. 及时收获

芝麻一旦成熟,就要及时收获。

(三) 芝麻与甘薯间作技术

甘薯是蔓生作物,受光部位低,与受光部位高的芝麻套作后,构成了层次分明的作物群体,从而提高了光能利用率,一般在不减少甘薯产量的条件下,每亩增收芝麻籽 30~40 千克。这种种植方式适合我国各芝麻产区。

芝麻与甘薯间作的方法比较简便,通常有两种方式:一种是每垄栽 1 行红薯,一般每隔 1 垄或 2 垄间作 1 行芝麻,甘薯按正常的种植密度,单秆型芝麻亩留苗 2 000 株左右;另一种是每垄栽 2 行红薯,一般每垄或隔 1 垄种 1 行芝麻,单秆型芝麻亩留苗 2 000 株左右。

1. 选用适宜品种

芝麻宜选用株型紧凑、丰产性好、中矮秆、中早熟和抗病耐渍性强的黑芝麻品种,以充分发挥芝麻的丰产性能,减少对甘薯生育后期的影响;甘薯宜选用短蔓型、结薯早的品种,如辽薯 40 号、丰收白、桂薯 131 号等。

2. 整地施肥

施肥应以农家肥为主,化肥为辅;以基肥为主,追肥为辅。因此,甘薯在整地前亩施优质农家肥 3 000~4 000 千克、磷酸二铵 25 千克、硫酸钾 10 千克,以满足甘薯和芝麻生长发育需求;起垄前,每亩用辛硫磷 200 毫升,拌细土 15 千克均匀施入田内,防治地老虎、金针虫、蛴螬等害虫。甘薯起垄垄面宽 80 厘米,垄高 30 厘米,沟宽 20 厘米。

3. 适时播种

芝麻在播种前要利用风选等方法精选种子,用饱满、发芽率高的健粒作种。

春薯地套种芝麻通常为5月上中旬，麦茬、油菜茬甘薯套种芝麻通常为6月上中旬，要抢墒抢种，在种植甘薯的同时或之前种上芝麻。天旱时浇水移栽，亩移栽密度3 500~4 000株。注意播深要一致（一般在1.5~2.0厘米），播后镇压以及加强苗期管理等，以创造芝麻壮苗早发的条件，防止因甘薯影响使芝麻形成弱苗、高脚苗等。

4. 其他管理

芝麻在甘薯封垄前要中耕保墒，及时间苗、定苗，早施苗肥。芝麻初花期要注意追施速效氮肥，芝麻成熟后要及时收割。薯苗封垄前要及时中耕除草2~3次。移栽后30天左右，在垄面两苗间穴施尿素追肥。中后期要注意防治病虫害。甘薯封垄后要注意清沟培土，防止渍害。

（四）小麦、花生、芝麻套种技术

播种小麦时，每6行预留25~30厘米空档，以便种植芝麻。如果是机播，每隔2行堵1个接眼，以便麦垄点花生。

1. 品种选择

为避免三种作物相互影响，尽量缩短它们的共生期，小麦选用晚播早熟的豫麦18号，芝麻选用适宜稀植的品种，花生选用山东海花2号、山花200号等。

2. 播种期

小麦于10月15—25日为适播期，尽量机播（1耧6行）。于小麦收获前15天左右麦垄点播花生，若墒情不好，应浇水后再点播，这样既有利于花生出苗，又有利于小麦后期生长。小麦收获后，用土耧播芝麻（1耧3行，播时堵两边的耧眼）。

3. 播种量

小麦每亩6.5~7.5千克，花生每亩10~12.5千克，芝麻每亩 0.25 千克。

4. 田间管理

（1）小麦管理。播种时每亩施土杂肥 2 000~3 000 千克以上，磷酸二铵 15~20 千克，尿素 15 千克，纯钾含量不少于 10 千克，麦播时进行土壤消毒，做到提前防治小麦各种病虫害，达到田间无杂草和杂麦，以便于小麦成熟度一致。

（2）花生管理。小麦收获后，立即中耕追肥，每亩用磷酸二铵 10 千克、氯化钾 15 千克，如果干旱应及时浇水。至花生封垄时，抓紧时间中耕 3~4 次，以便于花生下针。为控制花生徒长，应严格按使用要求，叶面喷洒多效唑，但不可控制得过多，注意防治花生的地下害虫。

（3）芝麻管理。由于芝麻是每隔 6 行麦种 1 行，行距较大，所以株距 15 厘米左右即可，由于中耕除草往往和花生同时进行，一般不单独做这项工作，在芝麻株高 30 厘米左右即可每亩叶面喷洒叶面宝+多菌灵 500 倍+黄腐酸盐 50 克，整个生长周期用药 3~4 次。如果发现芝麻有徒长趋势，也应实行化控。为了节省用工和投资，可以和化控花生同时进行。

5. 适时收获

适时收获是获得全年丰收的一项重要措施。小麦在 5 月 26—28 日收获，为避免车轧造成土壤板结，尽量采取人工收割小麦；芝麻在植株最下面 2~3 蒴有裂蒴时收获；花生在 50% 以上果仁饱满时采挖。

参考文献

陈义，沈志河，白婧婧，2019. 现代生态农业绿色种养实用技术［M］. 北京：中国农业科学技术出版社.

顾欣，2019. 油料作物加工技术［M］. 成都：四川大学出版社.

郭春生，张平，2014. 农业技术综合培训教程［M］. 北京：中国农业科学技术出版社.

何永梅，杨雄，王迪轩，2020. 大豆优质高产问答［M］. 2版. 北京：化学工业出版社.

王金华，2018. 粮油作物栽培技术［M］. 成都：电子科技大学出版社.

于振文，2017. 黄淮海小麦绿色增产模式［M］. 北京：中国农业出版社.

袁星星，2020. 食用豆优质高效绿色生产技术［M］. 南京：江苏凤凰科学技术出版社.